Mathematik im Fokus

Kristina Reiss

TU München, School of Education, München, Deutschland

Ralf Korn

Fachbereich Mathematik, TU Kaiserslautern, Kaiserslautern, Deutschland

Weitere Bände in dieser Reihe:

http://www.springer.com/series/11578

Esther Brunner

Mathematisches Argumentieren, Begründen und Beweisen

Grundlagen, Befunde und Konzepte

 Springer Spektrum

Esther Brunner
Pädagogische Hochschule Thurgau
Kreuzlingen, Thurgau, Schweiz

ISBN 978-3-642-41863-1   ISBN 978-3-642-41864-8   (eBook)
DOI 10.1007/978-3-642-41864-8

Die Deutsche Nationalbibliothek verzeichnet diese Publikation in der Deutschen Nationalbibliografie;
detaillierte bibliografische Daten sind im Internet über http://dnb.d-nb.de abrufbar.

Springer Spektrum
© Springer-Verlag Berlin Heidelberg 2014

Springer Spektrum ist eine Marke von Springer DE. Springer DE ist Teil der Fachverlagsgruppe
Springer Science+Business Media
www.springer-spektrum.de

Vorwort

Das vorliegende Buch soll eine Übersicht bieten über die Themenbereiche Begründen, Argumentieren und Beweisen als wichtige Tätigkeiten des Mathematikunterrichts. Beleuchtet werden dabei theoretische Grundlagen, psychologische Prozesse sowie Möglichkeiten der entsprechenden Gestaltung eines Mathematikunterrichts, der diese Prozesse fördert. Ergänzt werden die theoretischen Grundlagen durch zahlreiche Beispiele aus der Praxis. Anhand eines Prozessmodells des schulischen Beweisens wird aufgezeigt, wie dieser Prozess im Einzelnen verläuft und in welchem Rahmen er angesiedelt ist.

Beweisen gehört nicht nur zu den zentralen mathematischen Tätigkeiten, sondern ist darüber hinaus auch eine anspruchsvolle und herausfordernde Aktivität, die den Schülerinnen und Schülern oft Schwierigkeiten bereitet. Deshalb werden nebst den Kompetenzen der Lernenden auch spezifische Schwierigkeiten aufgeführt und es wird aufgezeigt, wie Lehrpersonen kompetent Unterstützung bieten können. Dieses Buch richtet sich denn auch in erster Linie an Mathematiklehrpersonen und Mathematikdidaktikerinnen und -didaktiker.

Als zentrale Frage des Begründungs- und Beweisprozesses gilt die sogenannte „Warum-Frage", um die der ganze Prozess kreist und die in der Folge beantwortet werden soll. Diese Warum-Frage kann man auch im Hinblick auf das Entstehen dieses Buches stellen: Warum braucht es ein Buch zum Begründen und Beweisen? Eine Antwort darauf kann relativ einfach gegeben werden: Begründen und Beweisen gehören einerseits zu den zentralen mathematischen Kompetenzen. Und andererseits fehlt im deutschen Sprachraum bislang ein kompaktes Grundlagenwerk, das sich mit dem schulischen Begründen und Beweisen aus mathematischer, kognitionspsychologischer und didaktischer Sicht beschäftigt und den anspruchsvollen Prozess in einem Modell anschaulich darstellt. Diese Lücke soll mit dem vorliegenden Buch geschlossen werden.

Zahlreiche Personen haben dazu beigetragen, dieses Buchprojekt zu realisieren. Ihnen allen möchte ich von Herzen danken. An erster Stelle gebührt mein Dank Frau Prof. Dr. Kristina Reiss, die dieses Buch angeregt und ermöglicht hat. Danken möchte ich auch Jonna Truniger für ihre überaus sorgfältige Durchsicht des Manuskripts, die zahlreichen Hinweise und die interessante Arbeit an sprachlichen Details und begrifflicher Präzision. Dem Springer-Verlag, insbesondere Herrn Clemens Heine, danke ich für die unkomplizierte, professionelle Zusammenarbeit. Und schliesslich gebührt mein Dank Bernhard, meinem Mann, der mich in allem – so auch bei diesem Buch – tatkräftig unterstützt und begleitet.

Bottighofen, Schweiz, November 2013   Esther Brunner

Inhaltsverzeichnis

Abbildungsverzeichnis

Wer kennt ihn nicht, den Satz des Pythagoras? Ist er doch gleichzeitig eine bedeutsame kulturelle Leistung, mit der jeder Schüler und jede Schülerin im Verlauf der Sekundarstufe konfrontiert wird, wie auch Ausdruck einer sehr ästhetischen mathematischen Gesetzmäßigkeit. In diesem Satz – $a^2 + b^2 = c^2$ – wird der Zusammenhang zwischen verschiedenen Quadratflächen über den drei Seiten eines rechtwinkligen Dreiecks geklärt: Die Flächen der beiden Kathetenquadrate entsprechen der Fläche des Hypotenusenquadrats. Diese Gesetzmäßigkeit kann man unterschiedlich darstellen. In der Literatur sind deshalb zahlreiche, sehr verschiedenartige Beweise dieses Satzes zu finden (z. B. Baptist 1997; Barth et al. 1997; Fraedrich 1995). Ihnen allen gemeinsam ist dabei die Zielsetzung, nämlich zu zeigen, dass dieser Zusammenhang für *jedes* rechtwinklige Dreieck gilt, denn beim Beweisen geht es um das Erlangen von Gewissheit, darum zu erkennen, ob und warum etwas notwendigerweise immer gilt.

Beweise gelten als Herzstück der Mathematik und als Königsweg, um neue analytische Vorgehensweisen und Werkzeuge zu erschaffen, die für die Weiterentwicklung der Mathematik eingesetzt werden können (vgl. Rav 1999, S. 6). Mathematik wird durch Beweise konstituiert und versteht sich deshalb selbst als eine beweisende Wissenschaft (vgl. z. B. Heintz 2000; Reiss 2002). Die Ideengeschichte der Mathematik (z. B. Winter 1991) besteht aus einer Vielzahl an Beweisen, die sowohl kulturhistorisch bedeutsam sind als auch einen mathematischen Zusammenhang schlüssig klären, indem gezeigt wird, dass eine Behauptung aus den Prämissen ableitbar ist. Ein Satz wird also durch andere Sätze bewiesen, die ihrerseits bereits bewiesen sind oder auf einfachsten Aussagen beruhen, den Axiomen, die zwar nicht bewiesen sind, aber dennoch als wahr betrachtet werden. Durch diesen Rückbezug auf elementare wahre Sätze und somit auf ein axiomatisches Regelwerk weist die Mathematik trotz der zahlreichen Inhaltsbereiche eine hohe Kohärenz auf (vgl. Heintz 2000). Gleichzeitig ist dieses Regelwerk universell gültig und hat dadurch kulturumspannenden Charakter. So sind Beweise immer auch Träger mathematischen Wissens und vermitteln als solche zentrale Elemente von mathematischem Wissen, Strategien und Methoden (Hanna und Barbeau 2008).

E. Brunner, *Mathematisches Argumentieren, Begründen und Beweisen*, Mathematik im Fokus,
DOI: 10.1007/978-3-642-41864-8_1, © Springer-Verlag Berlin Heidelberg 2014

Weil Beweise in der Mathematik einen dermaßen großen Stellenwert besitzen, sind sie auch im Mathematikunterricht unverzichtbar. Dies wird in den verschiedenen Konzeptionen von Bildungsstandards (z. B. Common Core State Standards Initiative 2012; Erziehungsdirektorenkonferenz 2011; Kultusministerkonferenz 2003, 2005; National Council of Teachers of Mathematics 2000) deutlich. Egal ob man einen Blick in die deutschen oder in die schweizerischen Bildungsstandards wirft: Beweisen wird als zentraler Handlungsaspekt aufgeführt, wenngleich unterschiedliche Begrifflichkeiten verwendet werden, um den Anspruch an schulisches Beweisen etwas zu verringern. Die Rede ist von „mathematisches Argumentieren" (Kultusministerkonferenz 2003, 2005) oder von „Argumentieren und Begründen" (Erziehungsdirektorenkonferenz 2011). Nur in den Standards des National Council of Teachers of Mathematics (2000) wird auch tatsächlich der Begriff „Beweisen" verwendet.

Demgegenüber fällt auf, dass Beweise und Beweisen trotz der unbestrittenen Wichtigkeit tendenziell – bis auf die Beweise zur Satzgruppe des Pythagoras – im Mathematikunterricht der obligatorischen Schule kaum breit bearbeitet werden. In den Lehrmitteln fällt das Angebot an Aufgabenstellungen, die Beweise herausfordern, im Vergleich zu anderen Handlungsaspekten und Kompetenzen wie beispielsweise dem Modellieren eher gering aus. Beweise und Beweisen werden oft als ein Betätigungsfeld für begabte Schülerinnen und Schüler betrachtet, kaum jedoch als zentraler Inhalt für alle Lernenden der obligatorischen Schule. Dadurch fehlen regelmäßige Lerngelegenheiten, um sich mit dem Beweisen von vermuteten Zusammenhängen auseinanderzusetzen. Entsprechend schwer fällt denn auch der Aufbau dieser Kompetenz. Verschiedene empirische Befunde (z. B. Reiss et al. 2006; Ufer und Heinze 2008; Ufer und Reiss 2010) belegen, dass auch leistungsstarke Lernende Schwierigkeiten beim Beweisen haben. Und auch Lehrpersonen fällt das Unterrichten von Beweisen keineswegs leicht. Es handelt sich auch für sie um eine hoch anspruchsvolle Tätigkeit, bei der von den Lernenden geäußerte Argumente nicht selten ergänzt und in die symbolische Sprache der Mathematik transformiert werden müssen.

Es kann deshalb davon ausgegangen werden, dass beim Thema „Beweisen" eine größere Diskrepanz besteht zwischen dem Anspruch, wie er sich beispielsweise in Bildungsstandards manifestiert, und der Wirklichkeit, realisiert als alltägliche Praxis des Mathematikunterrichts einzelner Lehrpersonen mit unterschiedlichen Lernenden und unterschiedlichen Lehrmitteln. Um dem in Bildungsstandards formulierten Anspruch bezüglich Begründens und Beweisens eher gerecht werden zu können, braucht es entsprechende Unterstützung für die Lehrpersonen, beispielsweise in Form einer knappen Darstellung wesentlicher theoretischer Grundlagen und deren Konkretisierung an Beispielen. Dies soll mit dem vorliegenden Band geleistet werden.

Das Thema „Beweisen" kann aus mindestens drei unterschiedlichen Perspektiven betrachtet werden: Erstens kann es aus der Sicht der Disziplin Mathematik beschrieben werden, wobei dann eher Beweise im Zentrum stehen als die Beschreibung eines Prozesses. Zweitens kann der Prozess des Beweisens aus kognitionspsychologischer Sicht nachgezeichnet werden und betrifft dann das Denken und das Verstehen der am Prozess

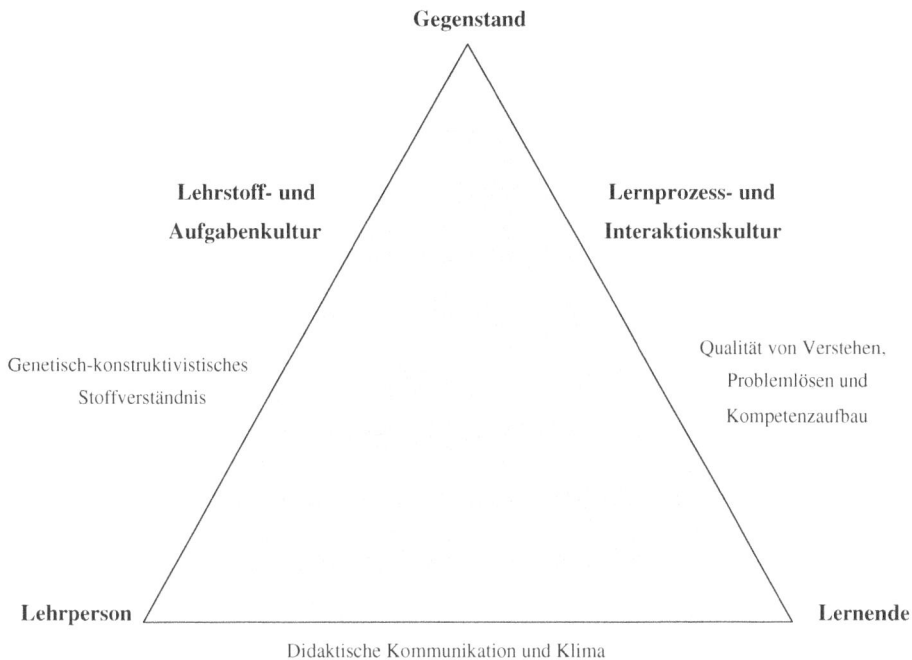

Gegenstand

Lehrstoff- und
Aufgabenkultur

Lernprozess- und
Interaktionskultur

Genetisch-konstruktivistisches
Stoffverständnis

Qualität von Verstehen,
Problemlösen und
Kompetenzaufbau

Lehrperson

Lernende

Didaktische Kommunikation und Klima

Lernhilfe- und Unterstützungskultur

Abb. 1.1 Schematische Darstellung einer konstruktivistischen Unterrichtskultur im didaktischen Dreieck (Reusser 2006, S. 162)

beteiligten Personen. Und schließlich kann das Thema auch aus der Sicht der Didaktik bearbeitet werden, bei der dann Fragen der Gestaltung und der Organisation dieses Prozesses im Fokus stehen. Um eine fundierte Sichtweise auf das Thema entwickeln zu können, ist es notwendig, diese drei Perspektiven miteinander zu verbinden, wie dies anhand des didaktischen Dreiecks (Reusser 2006, S. 162) gezeigt werden kann (vgl. Abb. 1.1).

Begründen und Beweisen im Mathematikunterricht beziehen sich auf einen Gegenstand – einen fertigen Beweis, einen zu begründenden Zusammenhang oder eine nicht belegte Behauptung – und involvieren Lernende und Lehrperson gleichermaßen. Die im didaktischen Dreieck modellierte Beziehung zwischen Lehrperson und Gegenstand wird über die Lehrstoff- und Aufgabenkultur manifest. Dabei geht ein genetisch-konstruktivistisches Stoffverständnis davon aus, dass sowohl der fertige Beweis wie der Prozess des Beweisens bedeutsam und gleichermaßen fokussiert werden sollten.

Die Beziehung zwischen Lernenden und Gegenstand wird im didaktischen Dreieck durch die Lernprozess- und Interaktionskultur gefasst, bei den Verstehensprozessen im Zentrum stehen. Es geht um Verstehen von fertigen Beweisen, von vorgebrachten Argumenten und Begründungen, aber auch um den Vorgang des Denkens beim Begründen und Beweisen sowie um den Aufbau der dafür notwendigen Kompetenzen.

Die Lernenden und die Lehrperson werden im didaktischen Dreieck ebenfalls miteinander verbunden. Diese Beziehung wird in der Lernhilfe- und Unterstützungskultur konkretisiert. Hierfür sind die didaktische Kommunikation sowie das vorherrschende Klima besonders bedeutsam.

Begründen und Beweisen ist also nicht nur eine für Lernende wie auch für Lehrpersonen gleichermaßen anspruchsvolle Tätigkeit, sondern verlangt ebenso eine multiperspektivische Betrachtung und damit unterschiedlichste Kompetenzen aufseiten der Lehrenden und der Lernenden. Im Rahmen dieses Buches werden die drei unterschiedlichen Perspektiven sowie die verschiedenen Beziehungen, die im didaktischen Dresieck modelliert sind, angesprochen. Das erste Theoriekapitel (Kap. 2) befasst sich mit dem Gegenstand und damit mit mathematischen Aspekten rund um das Thema „Beweisen". Vorgestellt werden u. a. auch unterschiedliche Typen von Beweisen, die didaktisch sinnvoll genutzt werden können. Geklärt werden weiter Funktion und Bedeutung von Beweisen. Im nächsten Kapitel (Kap. 3) wird aufgezeigt, wie sich die drei unterschiedlichen Begriffe – Argumentieren, Begründen, Beweisen – zueinander verhalten. Die Struktur eines Arguments wird vorgestellt und verschiedene Begründungsarten werden beleuchtet. Anschließend geht es um den Prozess des Beweisens aus kognitionspsychologischer Sicht (Kap. 4): Welche Denkprozesse müssen Lernende beim Beweisen vollziehen? Darauf aufbauend werden in einem weiteren Kapitel (Kap. 5) zusammenfassend einige empirische Befunde dargestellt, die deutlich machen, was genau den Lernenden beim Beweisen schwerfällt und wo spezifische Schwierigkeiten auftreten können. Diese spezifischen Schwierigkeiten können entsprechend begleitet und es kann Unterstützung zu deren Überwindung angeboten werden. Deshalb werden didaktische Möglichkeiten und Modelle vorgestellt, die aufzeigen, wie Begründen und Beweisen im Mathematikunterricht angeregt, unterstützt und unterrichtet werden können. Ein letztes Kapitel (Kap. 6) konkretisiert am Beispiel einer Beweisphase in einer neunten Klasse die behandelten theoretischen Grundlagen.

Literatur

Baptist, P. (1997). *Pythagoras und kein Ende? (Reihe Lesehefte Mathematik)*. Stuttgart: Klett.

Barth, E., Krummbacher, G., Ossiander, K., & Barth, F. (1997). *Anschauliche Geometrie 9* (3. Aufl.). München: Oldenbourg.

Common Core State Standards Initiative. (2012). *Mathematics Standards*. http://www.corestan dards.org/Math. Zugegriffen: 20. Okt. 2013.

Erziehungsdirektorenkonferenz (EDK). (2011). *Grundkompetenzen für die Mathematik. Nationale Bildungsstandards. Frei gegeben von der EDK Plenarversammlung am 16. Juni 2011*. Bern: EDK.

Fraedrich, A. M. (1995). *Die Satzgruppe des Pythagoras*. Mannheim: BI Wissenschaftsverlag.

Hanna, G., & Barbeau, E. (2008). Proofs as bearers of mathematical knowledge. *ZDM Mathematics Education, 40*, 345–353.

Heintz, B. (2000). *Die Innenwelt der Mathematik. Zur Kultur und Praxis einer beweisenden Disziplin*. Wien: Springer.

Kultursministerkonferenz (KMK). (2003). *Bildungsstandards im Fach Mathematik für den Mittleren Schulabschluss. Beschluss vom 4.12.3003*. München: Luchterhand.

Kultusministerkonferenz (KMK). (2005). *Bildungsstandards der Kultursministerkonferenz. Erläuterungen zur Konzeption und Entwicklung.* München: Luchterhand.

National Council of Teachers of Mathematics (NCTM). (Hrsg.). (2000). *Principles and standards for school mathematics.* Reston: NCTM.

Rav, Y. (1999). Why do we prove theorems? *Philosophia Mathematica, 7*(1), 5–41.

Reiss, K. (2002). *Argumentieren, Begründen, Beweisen im Mathematikunterricht. Projektserver SINUS.* Bayreuth: Universität.

Reiss, K., Heinze, A., Kuntze, S., Kessler, S., Rudolph-Albert, F., Renkl, A., et al. (2006). Mathematiklernen mit heuristischen Lösungsbeispielen. In M. Prenzel (Hrsg.), *Untersuchungen zur Bildungsqualität von Schule – Abschlussbericht des DFG-Schwerpunktprogramms* (S. 194–210). Münster: Waxmann.

Reusser, K. (2006). Konstruktivismus – vom epistemologischen Leitbegriff zur Erneuerung der didaktischen Kultur. In M. Baer, M. Fuchs, P. Füglister, K. Reusser, & H. Wyss (Hrsg.), *Didaktik auf psychologischer Grundlage. Von Hans Aeblis kognitionspsychologischer Didaktik zur modernen Lehr-Lernforschung* (S. 151–168). Bern.

Ufer, S., & Heinze, A. (2008). Development of geometrical proof competency from grade 7 to 9: A longitudinal study. In *11th International Congress on Mathematics Education, Topic Study Group, 18*, 6.

Ufer, S., & Reiss, K. (2010). Inhaltsübergreifende und inhaltsbezogene strukturierende Merkmale von Unterricht zum Beweisen in der Geometrie. *Unterrichtswissenschaft, 38*(3), 247–265.

Winter, H. (1991). *Entdeckendes Lernen im Mathematikunterricht. Einblicke in die Ideengeschichte und ihre Bedeutung für die Pädagogik* (2. verb. Aufl.). Braunschweig: Vieweg.

Was ist ein Beweis?

Was eigentlich ist ein Beweis und welches Verständnis liegt diesem Begriff zugrunde? Im ersten Teil dieses Kapitels wird der Versuch einer Begriffsklärung vorgenommen. Anschließend werden verschiedene Aspekte eines Beweises aufgegriffen und in den Fokus gestellt. Es folgen sodann Ausführungen zur Bedeutung von Beweisen sowie zu deren vielfältigen Funktionen, bevor unterschiedliche Typen von Beweisen und Typologien dargestellt werde.

2.1 Begriffsklärung

Beim Beweisen wird „eine Behauptung in gültiger Weise Schritt für Schritt formal deduktiv aus als bekannt vorausgesetzten Sätzen und Definitionen gefolgert" (Meyer 2007, S. 21). Es handelt sich also um einen Prozess, der nicht auf Erfahrung beruht, sondern der ausgehend vom Allgemeinen zum Speziellen hin streng logischen Regeln folgt. Ein mathematischer Satz gilt dann als wahre Aussage, wenn er aus anderen wahren Aussagen gefolgert werden kann. Bei diesem Vorgang wird unterschieden zwischen Behauptung und Voraussetzung. Das Ziel des Beweisens liegt darin, zu zeigen, dass die aufgestellte Behauptung notwendig aus der Voraussetzung folgt bzw. daraus ableitbar ist. Gelingt dies, wird auch die Behauptung als eine wahre Aussage betrachtet. Allerdings gelten die weiteren Aussagen, die auf dieser Basis aufgestellt werden, nur dann als wahr, wenn sie auf andere wahre (bereits bewiesene) Aussagen oder Axiome (einfachste Aussagen, die als wahr betrachtet werden und selbst nicht auf noch einfachere Aussagen zurückgeführt werden können) zurückgreifen. Das zentrale Kriterium dabei ist die Widerspruchsfreiheit der einzelnen Aussagen, die auf einander bezogen werden.

Um auch intersubjektiv Geltung beanspruchen zu können, muss eine solche Herleitung von anderen wahren Aussagen dokumentiert werden, d. h. die Vorgehensweise wird verschriftlicht, damit die Kette von Argumenten bzw. die lückenlose Rückführung auf Axiome von den Mitgliedern der fachlichen Gemeinschaft nachvollzogen und

E. Brunner, *Mathematisches Argumentieren, Begründen und Beweisen*, Mathematik im Fokus, 7
DOI: 10.1007/978-3-642-41864-8_2, © Springer-Verlag Berlin Heidelberg 2014

geprüft werden kann. Der sogenannten „Community" obliegt damit eine Evaluations-
und Validierungsfunktion, da sie einen (neuen) Beweis auf den damit erhobenen Geltungsanspruch prüft. Ein Beweis stellt somit einen Begründungszusammenhang her,
der – wenn er sich als gültig herausstellt – allgemeine Akzeptanz erfährt. Dies muss
allerdings nicht zwingend in einem deduktiven Vorgang erfolgen, auch ein induktives
Vorgehen – und damit rückt die Denkbewegung vom Speziellen ausgehend hin zum Allgemeinen (vgl. Dewey 2002) in den Fokus – ist insbesondere in einer ersten Phase des
Beweisens eine angemessene und sinnvolle Strategie.

Folgt man der Argumentation Wittmanns und Müllers (1988, S. 254) liegt die Zielsetzung des (schulischen) Beweisens insbesondere darin, „zu verstehen, *warum* der
betreffende Satz gilt". Dabei treten festgelegte Vorgehens- und Denkweisen eher in
den Hintergrund. Im Mittelpunkt des Bemühens steht das kohärente Begründen eines
Zusammenhangs.

2.2   Einzelne Aspekte im Fokus

Im Zusammenhang mit dem Beweisen sind verschiedene Aspekte von besonderer
Bedeutung. Diese werden teilweise auch mit unterschiedlicher Akzentuierung, gleichwohl aber nicht völlig kontrovers diskutiert. Es sind dies die folgenden Aspekte: 1)
Produkt- und Prozesscharakter, 2) formale Strenge, 3) Wahrheit und Gültigkeit, 4) Art
des Arguments und 5) Semantik und Syntaktik. Diese fünf Aspekte werden im Folgenden genauer beleuchtet.

2.2.1   Produkt- und Prozesscharakter

Mathematik kann nicht nur als Ansammlung von wahren Aussagen verstanden werden, wie dies die Ideengeschichte berühmter Beweise vermuten ließe (z. B. Winter 1991).
Nebst der Produktseite weist die Mathematik auch einen Prozesscharakter auf und entwickelt sich gerade durch Beweise und die sich dadurch neu eröffnenden Möglichkeiten
weiter (vgl. Kap. 1). Pólya (1949, S. 9) spricht in diesem Zusammenhang von der „werdenden" Mathematik und unterscheidet sie von der „fertigen", die er gemäß Euklid als
eine systematische, deduktive Wissenschaft beschreibt. Die „werdende" Mathematik –
oder in den Worten Pólyas (1949, S. 9) „Mathematik in statu nascendi" – hingegen weist
einen stark experimentellen Charakter auf und geht zumindest in einem ersten Schritt
induktiv vor.

Die Produkte- wie die Prozessseite sind für die Mathematik selbst bedeutsam und
ergänzen einander sinnvoll. Gerade angesichts der zahlreichen eleganten Beweise
der Ideengeschichte der Mathematik darf aber nicht vergessen gehen, dass der experimentelle, induktive Zugang eine wichtige Voraussetzung zum Entstehen eines fertigen
Beweises ist. In der Literatur findet man diese beiden Seiten der Mathematik teilweise

unterschiedlich gewichtet, was auf ein anders akzentuiertes Fachverständnis schließen lässt. Die beiden extremen Positionen sind die A-priori-Sicht auf der einen Seite
und der Quasi-Empirismus auf der anderen. In der A-priori-Sicht wird Mathematik als
etwas verstanden, was auf reinem Denken und nicht auf Erfahrung beruht. Demnach ist
Wissen aus der Mathematik immer absolutes und sicheres Wissen, das nicht empirisch
validiert wird, sondern über Beweise: „Was einmal bewiesen ist, ist wahr für *immer* und
wahr für *alle*" (Heintz 2000, S. 18). In der Position des Quasi-Empirismus (vgl. Lakatos
1979) hingegen wird Mathematik als empirische Wissenschaft, analog beispielsweise zur
Physik, verstanden. Damit hat Wissen immer vorläufige Gültigkeit und ist nicht als absolut zu verstehen. Diese beiden extremen Positionen unterscheiden sich somit bezüglich
ihrer Fokussierung auf die Produkt- bzw. die Prozessseite der Mathematik: Der Quasi-
Empirismus fokussiert (einseitig) den Prozesscharakter und vernachlässigt das Produkt,
während die A-priori-Sicht den Prozess zu stark ausblendet.

Mit Pólya (1949), der beide Seiten betont, ist hier eine Mittelposition gefunden, die
auch von anderen Mathematikdidaktikern (z. B. Freudenthal 1977) geteilt wird: Mathematik weist sowohl einen Prozess- als auch einen Produktcharakter auf. Das Beweisen
betont die Tätigkeit und damit den Prozess, der fertige Beweis hingegen fokussiert das
Produkt und damit die kulturelle Leistung, die ihrerseits aber auch aus einem Prozess des
Beweisens hervorgegangen ist.

2.2.2   Formale Strenge

Ein zweiter Aspekt von Beweisen betrifft die formale Strenge. In dieser Akzentuierung
geht es um die Frage, wie streng ein Beweis sein muss, um von der Community akzeptiert zu werden: Muss ein Beweis in jedem Fall formal-deduktiv und damit absolut streng
sein oder ist auch eine hinreichende Strenge, gesichert durch andere Begründungsver-
fahren, möglich?

In der Disziplin wird von absoluter Strenge ausgegangen. Die berühmten Beweise
liegen selbstverständlich (auch) in einer formal-deduktiven Darstellung vor und weisen damit die geforderte absolute Strenge auf. In der Mathematikdidaktik hingegen hat
gerade dank des quasi-empirischen Verständnisses von Mathematik (vgl. Lakatos 1979)
mit der stärkeren Betonung des Prozesses die Erkenntnis Einzug gehalten, dass nicht
einzig formal-deduktive Verfahren zugelassen werden sollten, sondern dass insbesondere im schulischen Kontext auch eine hinreichende Strenge akzeptabel ist. Diese hinreichende Strenge bezieht sich allerdings nicht auf die Korrektheit oder auf das logische
Denken, sondern einzig auf die Strenge bezüglich der Formalisierung. Im Zusammenhang mit der werdenden Mathematik ist eine hinreichende Strenge in der Formulierung
Teil des Arbeitens und ein wichtiger Etappenschritt. Ein Zusammenhang kann auch verstanden und logisch kohärent begründet werden, ohne dass dies bereits in einer formal-
deduktiven Weise zu erfolgen hat (vgl. Kap. 4). Dieser Zwischenschritt ist insbesondere
für Schülerinnen und Schüler sehr bedeutsam, weil sie meist nicht in der Lage sind,

einen Zusammenhang von Anfang an formal-deduktiv und damit formal-symbolisch und algebraisch zu begründen, und dies zudem ihrer Vorgehensweise des schrittweisen Suchens und Erkennens von Zusammenhängen nicht entsprechen würde. Das betonen Wittmann und Müller (1988, S. 240), wenn sie schreiben, dass eine Fokussierung auf absolute formale Strenge „für die Entwicklung eines für den jeweiligen sozialen Kontext angemessenen Beweisverständnisses" hinderlich sein könne.

Formale Strenge ist deshalb immer eine Frage des Maßes und somit kontextabhängig: „Rigour is a question of degree in any case. In the classroom one need provide not absolute rigour, but enough rigour to achieve understanding and to convince" (Hanna 1997, S. 183). Rückt man das Verstehen von Zusammenhängen von Schülerinnen und Schülern in den Mittelpunkt, werden formale Aspekte schwächer gewichtet. Es geht also weniger um die Frage der absoluten oder der hinreichenden formalen Strenge, sondern darum, dass formale Strenge der Situation und den Voraussetzungen der Beteiligten angemessen ist. Die Strenge im Denken und die Korrektheit in der Argumentation hingegen sind immer notwendig und damit auch nicht kontextabhängig. Begründet werden muss über logisches Schließen.

2.2.3   Wahrheit und Gültigkeit

Ein weiterer Aspekt bezieht sich auf die Kriterien der Wahrheit und Gültigkeit. Nur Aussagen können wahr (oder falsch) sein, eine Argumentation hingegen ist nicht wahr, sondern gültig (oder ungültig), und zwar dann, wenn die Konklusion logisch aus den Prämissen folgt (vgl. Abschn. 3.5.1). Ob die Prämissen selbst wahre Aussagen sind, ist eine andere Frage. Gültigkeit ist im Gegensatz zur Wahrheit ein syntaktisches, d. h. ein formal-logisches Kriterium, während sich Wahrheit auf den Inhalt der Aussage bezieht. Der Inhalt einer Aussage liegt auf der semantischen Ebene und bedarf einer inhaltlichen Prüfung der betreffenden Aussage. Man kann also nicht von einer „gültigen Aussage" oder einer „wahren Argumentation" sprechen, sondern nur von „wahren Aussagen" und „gültigen Argumentationen". Die Unterscheidung dieser beiden Kriterien fällt allerdings schwer. Wohl auch deshalb wird sie im Mathematikunterricht tendenziell vernachlässigt (vgl. Durand-Guerrier 2008), was zu weiteren Schwierigkeiten im Verstehen und Führen von Beweisen führt. Die Gültigkeit einer Argumentation und damit das syntaktische Kriterium wird von der fachlichen Gemeinschaft geprüft. Die Wahrheit einer Aussage hingegen wird auf inhaltlicher Ebene geklärt.

2.2.4   Art des Arguments

Beim Beweisen wird in der Regel zwischen deduktiven und induktiven Argumenten unterschieden. Erstere vollziehen sich vom Allgemeinen zum Speziellen, Letztere hingegen vom Speziellen zum Allgemeinen. Induktion und Deduktion können somit in Übereinstimmung mit Dewey (2002) quasi als Richtungen des Denkens und des Schlussfolgerns betrachtet werden. Diese werden im Zusammenhang mit den Denkprozessen beim Beweisen in ihrer

Funktion als Begründungsarten nochmals gesondert betrachtet werden (vgl. Abschn. 3.6). Induktive Argumente sind im Gegensatz zu korrekten deduktiven Argumenten jedoch problematisch, weil stets die Gefahr besteht, dass vom Speziellen zu schnell oder fälschlicherweise auf das Allgemeine geschlossen wird. Statistische Argumente können diesen Umstand entschärfen, indem von einer begrenzten Stichprobe vorsichtig auf die Gesamtheit der Elemente geschlossen wird. Man spricht dann meist nicht von einem gültigen Argument, sondern – eben vorsichtig – nur von einem korrekten (vgl. Bayer 2007).

Jahnke (2008, 2010) differenziert zwischen offenen und geschlossenen Argumenten, was einen erhellenden Beitrag zur Art der Argumente darstellt. Offene Argumente sind nach Jahnke (2008, 2010) empirische Argumente, die auf Erfahrung und Beobachtung basieren und die im Alltag dominieren. Geschlossene Argumente hingegen sind theoretische Argumente, wie sie in der Mathematik vorherrschen. Theoretische Argumente sind dadurch gekennzeichnet, dass sie die Bedingungen, unter denen sie gelten, genau aufführen. Sie sind „geschlossen", weil genau definiert ist, unter welchen Bedingungen etwas ausnahmslos gilt, und das Argument damit strikt gültig ist. Im Gegensatz dazu führen Argumente aus dem Alltag üblicherweise nicht auf, unter welchen Bedingungen etwas gilt. Ändern sich die Bedingungen, entstehen Ausnahmen, und die Gültigkeit ist für diese Fälle nicht mehr gegeben. Hier handelt es sich deshalb um offene Argumente. Beweisen beruht auf theoretischen Argumenten, die im Gegensatz zu offenen Argumenten aus dem Alltag ein Auseinanderhalten von Voraussetzung und Behauptung erfordern. Beim Beweisen ist deshalb ein Überwinden alltäglichen Argumentierens nötig: „To understand the essence of mathematical proof we need to overcome the limits of everyday thinking" (Jahnke 2008, S. 371).

2.2.5 Semantik und Syntaktik

Der letzte Aspekt, die hier fokussiert wird, bezieht sich auf die Ebene des Verständnisses. Grundsätzlich unterschieden werden die inhaltlich-semantische Ebene und die algorithmisch-syntaktische Ebene (vgl. Wartha und Wittmann 2009). Vereinfacht gesagt bezieht sich die inhaltlich-semantische Ebene auf inhaltliches Verständnis, während sich die algorithmisch-syntaktische Ebene auf die formale Struktur und die Vorgehensweise bezieht.

Im Zusammenhang mit Wahrheit und Gültigkeit (vgl. Abschn. 2.2.3) wurden diese beiden Ebenen bereits kurz angesprochen: Die Gültigkeit einer Argumentation wird auf syntaktischer Ebene geklärt, während die Wahrheit von Aussagen auf semantischer Ebene geprüft wird. Für die Bearbeitung der inhaltlich-semantischen Ebene ist gerade im Mathematikunterricht eine alltagsnahe Sprache durchaus ausreichend. Für das Verstehen und Formulieren auf syntaktischer Ebene sind hingegen eine formale Sprache und das Berücksichtigen eines genauen Vorgehens (die Konklusion folgt mittels Schlussfolgerung aus mindestens zwei Prämissen) unabdingbar (vgl. Abschn. 3.5.1).

Beweisen verlangt demnach, sich sowohl auf inhaltlich-semantischer Ebene wie auf algorithmisch-syntaktischer Ebene bewegen zu können. Sowohl eine ausschließliche

Fokussierung der inhaltlichen Ebene wie eine solche der syntaktischen Ebene im Zusammenhang mit formaler Strenge eines Beweises sind kaum angemessen für den Prozess des Beweisens, insbesondere dann nicht, wenn es sich um schulisches Beweisen handelt. Generell gilt zwar in einem verstehensorientierten Mathematikunterricht, dass Semantik vor Syntaktik kommt, was durchaus auch als Entwicklung verstanden werden kann, aber es wäre falsch, in einer bestimmten Entwicklungsphase lediglich die eine oder andere Ebene zu berücksichtigen, weil diese beiden Ebenen miteinander verbunden werden müssen, um ein umfassendes Verständnis erlangen zu können.

2.3 Die kommunikative Bedeutung von Beweisen

Für die Mathematik sind Beweise essenziell, weil sie als Träger mathematischen Wissens (Hanna und Barbeau 2008) „identitätskonstitutiv" (Heintz 2000, S. 14) wirken (vgl. Kap. 1). Sie haben sowohl eine kulturumspannende wie eine kommunikative Bedeutung. Die kulturumspannende Bedeutung von Beweisen ist durch die Verwendung eines einheitlichen axiomatischen Regelwerks gegeben. Das macht das Verstehen von Beweisen universell. Die formal-symbolische Sprache, die dabei verwendet wird, ist ihrerseits kulturunabhängig und gleichzeitig durch den einheitlichen Gebrauch kulturverbindend.

Ein Beweis klärt einen Zusammenhang und schafft Gewissheit darüber, ob und warum eine Behauptung notwendigerweise gilt. Ein solcher Zusammenhang wird dargestellt, in schriftlicher oder mündlicher Form, und dadurch kommuniziert. Deshalb haben Beweise auch eine kommunikative Bedeutung. Neue Aussagen müssen immer mittels logischer Regeln mit den Axiomen verbunden werden, um von der mathematischen Community als wahre Aussagen akzeptiert zu werden. Ein schriftlich festgehaltener Beweis stellt einerseits einen vorläufigen Abschluss einer inhaltlichen Auseinandersetzung dar, andererseits erhebt er einen Geltungsanspruch. Die mathematische Gemeinschaft prüft die neue Aussage oder den Beweis bezüglich der Widerspruchsfreiheit mit alten Beweisen. Dadurch wird mathematisches Wissen als sicher garantiert. Ein Beweis ist somit auch stets „ein hochgradig normiertes Kommunikationsverfahren" (Heintz 2000, S. 219).

Während der Tätigkeit des Beweisens müssen universell gültige Regeln eingehalten werden. So müssen beispielsweise Begriffe zunächst definiert, Notationen geklärt und sämtliche Argumentationsschritte belegt werden.

Heintz (2000, S. 227ff.) beschreibt die kommunikative Funktion von Beweisen als kulturelle Ressource mit folgenden drei Thesen:

1. „Die Institution des Beweises dient dazu, die privaten Gedanken in eine intersubjektive Sprache zu übersetzen."
2. „Gleichzeitig verhelfen Gespräche dazu, explizit zu machen, was in einem publizierten Beweis implizit vorausgesetzt wird."
3. „Gespräche sind schließlich auch deshalb wichtig, weil längst nicht alles mathematische Wissen in schriftlicher Form vorliegt."

Mit der kommunikativen Funktion von Beweisen wird auch der soziale Kontext des fachlichen Diskurses angesprochen, der im Zusammenhang mit Beweisen unabdingbar ist (vgl. Abschn. 4.1).

2.4 Die Funktionen von Beweisen

In der Literatur herrscht Einigkeit bezüglich der beiden Hauptfunktionen von Beweisen, die im folgenden Abschnitt vorgestellt werden. Diese beiden Funktionen sind von verschiedenen Autorinnen und Autoren ergänzt worden. Darauf gehen die beiden weiteren Abschnitte ein.

2.4.1 Zwei Hauptfunktionen von Beweisen

Hersh (1993) unterscheidet eine überzeugende und eine erklärende Funktion von Beweisen. Erstere gilt insbesondere für die Disziplin selbst als sehr bedeutsam und kommt immer dann zum Ausdruck, wenn in einem Beweis mittels logischer Schlussfolgerungen ein Geltungsanspruch dargelegt wird, der von der fachlichen Community geprüft wird und im Falle einer Annahme zur Bestätigung seiner Gültigkeit führt. Es geht dabei also um die Überzeugungskraft der dargelegten Argumente. Die erklärende Funktion hingegen ist dann angesprochen, wenn man einen fertigen Beweis betrachtet und die darin formulierte Allgemeingültigkeit eines Zusammenhangs nachzuvollziehen versucht. Hier wird die Argumentation nicht infrage gestellt, sondern der Beweis als sicheres Wissen interpretiert, der einen Zusammenhang erklärt.

Die überzeugende Funktion von Beweisen ist zwar auch im Mathematikunterricht wichtig. Gleichwohl muss dabei berücksichtigt werden, dass Schülerinnen und Schüler – im Gegensatz zu einer fachlichen Community – relativ leicht überzeugt werden können, weil Beweisen eine hochkomplexe und äußerst anspruchsvolle Tätigkeit ist, die Lernenden schwerfällt. Hinzu kommt, dass es sich beim schulischen Diskurs um eine spezielle kommunikative Situation handelt, bei der ein hierarchisches Ungleichgewicht besteht. Dies erklärt, warum Schülerinnen und Schüler selbst nicht bewiesene Theoreme akzeptieren und tendenziell einen mathematischen Satz eher selten infrage stellen. Deshalb ist für den Mathematikunterricht die zweite Funktion, die erklärende, wichtiger als die überzeugende, denn ein Beweis als Träger mathematischen Wissens (vgl. Kap. 1) erklärt einen Zusammenhang vollständig: „Proof is complete explanation" (Hersh 1993, S. 397). Eine solche Erklärung liegt in einem Beweis in einer komprimierten Form vor. Für Schülerinnen und Schüler ist deshalb diese Funktion eines Beweises besonders bedeutsam, weil ihnen im Beweis ein mathematischer Zusammenhang überzeugend aufgezeigt und begründet wird und diesen erklärt.

2.4.2 Fünf Funktionen von Beweisen in der Übersicht

Diese beiden Hauptfunktionen von Beweisen gemäß Hersh (1993) – Überzeugen und Erklären – können weiter ausdifferenziert und ergänzt werden. De Villiers (1990) beispielsweise führt fünf Funktionen von Beweisen auf (vgl. Meyer 2007, S. 28): 1) Verifikation, 2) Erklärung, 3) Kommunikation, 4) Entdecken und 5) Systematisierung. Die ersten beiden Funktionen betreffen die kognitive Rolle, die Beweise spielen, während sich die dritte und die vierte Funktion auf die soziale Rolle beziehen und die letzte Funktion auf die epistemologische (vgl. Schwarz et al. 2010).

Bei der *Verifikation* handelt es um ein Verfahren, die gemachten Aussagen bezüglich ihres Wahrheitsgehaltes zu überprüfen und gegebenenfalls zu bestätigen.

Die Funktion der *Erklärung* entspricht derjenigen von Hersh (1993). Beweise als Träger von mathematischem Wissen dienen dem Verstehen. Sie vermitteln Einsicht darüber, warum ein bestimmter Zusammenhang gilt oder eine Aussage wahr ist.

Die Funktion der *Kommunikation* ergibt sich aus den ersten beiden Funktionen. Sowohl Erklärungen wie Überzeugungen spielen sich in einem sozialen Kontext ab. Im Zusammenhang mit der Überzeugungskraft eines Beweises ist die fachliche Community die prüfende Instanz, die darüber entscheidet, ob ein neuer Beweis angenommen oder abgelehnt wird: „In mathematical practice, in the real living mathematicians, proof is convincing argument, as judged by qualified judges" (Hersh 1993, S. 389). Das verleiht dem Akt des Beweisen nebst der formal-logischen Dimension zusätzlich auch eine soziologische und kommunikative Dimension, die von Schwarz (2009, S. 106) wie folgt beschrieben wird: „The role of proof is not to convince but to provide a way to communicate mathematical ideas." Beweise stellen damit auch einen Anlass für die mathematische Kommunikation dar. Dabei werden einerseits die im Geltungsanspruch eines Beweises formulierten Aussagen geprüft. Andererseits wird das im Beweis enthaltene mathematische Wissen im Diskurs rekontextualisiert.

Die Funktion des *Entdeckens* bedeutet, dass neue Zusammenhänge gefunden und in einem Beweis dargelegt werden können.

Beweise dienen aber auch der *Systematisierung*. Als Träger mathematischen Wissens sind sie dazu geeignet, Ergebnisse ordnend und systematisierend in einen theoretischen Zusammenhang zu stellen und Beziehungen innerhalb der Mathematik zu fassen.

2.4.3 Ergänzende Funktionen

Hanna (2005) ergänzt die fünf von De Villiers (1990) genannten Funktionen von Beweisen durch drei weitere. Es sind dies: 1) Konstruktion, 2) Exploration und 3) Inkorporation. Diese drei weiteren Funktionen von Beweisen sind aber für den Mathematikunterricht nicht im gleichen Maße bedeutsam wie die erklärende Funktion.

Bei der Funktion der *Konstruktion* geht es darum, dass auf der Grundlage eines Beweises eine neue Theorie entwickelt werden kann. Auf diesen Umstand weist auch Rav

(1999, S. 6) hin (vgl. Kap. 1), wenn er deutlich macht, dass ein Beweis neue Werkzeuge zur Verfügung stellt, die der Weiterentwicklung der Mathematik dienen. Genau darum geht es bei dieser Funktion von Beweisen.

Die Funktion der *Exploration*, die Hanna (2005) aufführt, bezieht sich auf das Erforschen eines postulierten Zusammenhangs oder einer Definition im Hinblick auf mögliche Konsequenzen, die deren Annahme hätte.

Die letzte von Hanna (2005) genannte Funktion, diejenige der *Inkorporation*, bezieht sich auf das Aufnehmen von Neuem in ein kohärentes Ganzes. Bekannte Tatsachen werden in einen neuen Rahmenzusammenhang gestellt und Neues wird in einem Gesamtzusammenhang verortet.

Didaktisch können auch diese beiden letzten ergänzenden Funktionen genutzt werden: Schülerinnen und Schüler können auf der Basis eines vorgestellten Beweises angeregt werden, zu untersuchen, welche Konsequenzen die Annahme einer bestimmten Theorie oder eines Beweises hätte. Den Lehrpersonen obliegt es sodann, Ideen und bewiesene Tatsachen in einem Rahmenzusammenhang sicht- und erkennbar zu machen und damit einen Beitrag dazu zu leisten, Neues zu inkorporieren. Hingegen werden Lernende kaum in der Lage sein, eine neue Theorie mittels eines Beweises zu konstruieren. Deshalb tritt diese Funktion im schulischen Kontext in den Hintergrund.

2.5   Verschiedene Typen von Beweisen

Beweise können je nach gewählter Perspektive unterschiedlich kategorisiert werden. Aus Sicht der Mathematik wird eine andere Klassifizierung gewählt als aus derjenigen der Mathematikdidaktik. Deshalb wird zunächst eine Kategorisierung aus der fachlichen Sicht heraus vorgestellt, bevor verschiedene didaktische Ansätze präsentiert werden.

2.5.1   Unterschiedliche Beweise aus der Sicht des Faches

Aus Sicht der Disziplin Mathematik wird zwischen *direkten* und *indirekten* Beweisen unterschieden. Direkte Beweise bezeichnen solche, bei denen eine Behauptung bewiesen wird, indem bereits bewiesene Aussagen angewandt werden oder indem logisch gefolgert wird. Indirekte Beweise hingegen beschäftigen sich zunächst mit dem Gegenteil, indem sie zuerst davon ausgehen, dass die formulierte Behauptung nicht zutreffe. Im Verlauf des nachfolgenden Beweisprozesses entsteht ein Widerspruch, der nur dadurch erklärt werden kann, dass die getroffene Annahme, wonach die Behauptung falsch sei, selbst falsch ist. Die Behauptung wird dadurch indirekt bewiesen.

Ein Beispiel für einen solchen indirekten Beweis ist derjenige von Euklid (2003) zur Behauptung, dass es unendlich viele Primzahlen gebe. Dabei wird zunächst angenommen, dass es eine endliche Menge von Primzahlen gibt:

> Für eine beliebige endliche Menge $\{p_1,\dots,p_r\}$ von Primzahlen sei $n := p_1 \cdot p_2 \cdot \dots \cdot p_r + 1$ und p ein Primteiler von n. Wir sehen, dass p von allen p_i verschieden ist, da p sonst sowohl die Zahl n als auch das Produkt $p_1 p_2 \dots p_r$ teilen würde und somit auch die 1, was nicht sein kann. Eine endliche Menge $\{p_1,\dots,p_r\}$ kann also niemals die Menge *aller* Primzahlen sein. (Aigner und Ziegler 2002, S. 3)

Diese Argumentation kann auch an einem konkreten Zahlenbeispiel nachvollzogen werden: Wenn $\{2, 3, 5\}$ alle Primzahlen wären, dann müsste $31 = 2 \cdot 3 \cdot 5 + 1$ durch 2, 3 oder 5 teilbar sein, weil 31 sonst eine weitere Primzahl wäre. Ist sie das nicht, müsste 1 durch 2, 3 oder 5 teilbar sein, was auch nicht der Fall ist. Damit ist die Annahme, dass es eine endliche Anzahl von Primzahlen gibt, widerlegt und ein indirekter Beweis erbracht.

Als weiteres wichtiges Beweisverfahren gilt die vollständige Induktion, die selbst ein Axiom darstellt. Die vollständige Induktion zeigt in zwei Teilen, der Verankerung und dem Induktionsschritt, dass etwas, das für n gilt, auch für $n + 1$ Gültigkeit hat. Für Pólya (1995, S. 133) ist Induktion „die Methode, allgemeine Gesetze durch Beobachtung und Kombination besonderer Fälle zu entdecken". Damit rückt er die Induktion in die Nähe der quasi-empirischen Wissenschaften (vgl. Abschn. 2.2.1). Induktion wird in verschiedenen Wissenschaften, nicht nur in der Mathematik verwendet. Die vollständige Induktion hingegen gilt als eine Besonderheit des Fachs Mathematik und ist geeignet, „um Lehrsätze einer gewissen Art zu beweisen" (Pólya 1995, S. 133). Poincaré (1914, S. 10) bezeichnet die vollständige Induktion sogar als „mathematische Schlussweise in ihrer reinsten Form".

Diese drei Beweistypen – der direkte Beweis, der indirekte Beweis und die vollständige Induktion – beziehen sich auf vollständig ausgeführte Beweise von Expertinnen und Experten. Sie beschreiben drei grundsätzlich unterschiedliche Vorgehensweisen zum Erlangen eines gültigen, vollständigen mathematischen Beweises aus der Sicht der fachlichen Disziplin. Wenngleich diese drei Beweistypen auch für beweisende Tätigkeiten von Schülerinnen und Schülern bedeutsam sind, so differenziert die Mathematikdidaktik doch noch weitere, didaktisch relevante Typen von Beweisen aus. Diese sind insbesondere dazu geeignet, um das noch nicht routinierte Ausführen eines vollständigen mathematischen Beweises von Lernenden zu beschreiben.

2.5.2   Pragmatisches und intellektuelles Beweisen

In der fachdidaktischen Literatur existieren zahlreiche, didaktisch relevante Klassifizierungen von Beweisen. So unterscheidet beispielsweise Balacheff (1988) zwischen *pragmatischen* und *intellektuellen* Beweisen. Die pragmatischen Beweise erfolgen durch Verifizieren an Beispielen und durch Experimentieren, während die intellektuellen Beweise entweder mit einem spezifischen Fall oder mit einer mentalen Operation arbeiten.

Eine Zweiteilung nehmen auch Fischer und Malle (2004) vor, wenn sie von *Handlungs-* und von *Beziehungsbeweisen* sprechen, die sich komplementär zueinander verhalten. Die Handlungsbeweise stützen auf eine Handlung oder eine Operation ab, während die Beziehungsbeweise die Strukturen vorwiegend mit symbolischen und formalen Mitteln klären. In dieser Unterscheidung angelegt ist einerseits eine Progression im Sinne einer didaktischen Stufung fortschreitender Abstraktion:

> Je strenger die Mathematik aufgebaut wird, desto mehr wird im Allgemeinen gefordert, Handlungselemente auszuschließen und möglichst alles in Form von formalen Beziehungen auszudrücken. (Fischer und Malle 2004, S. 186)

Andererseits weist diese Klassifizierung eine Nähe zu Balacheffs (1988) pragmatischen und intellektuellen Beweisen auf, da Handlungsbeweise eher den pragmatischen Beweisen zugeordnet werden können, die Beziehungsbeweise hingegen den intellektuellen Beweisen. Dass Handlungs- und Beziehungsbeweise komplementär zueinander konzipiert sind, wird auch im folgenden Zitat von Fischer und Malle (2004, S. 186) deutlich:

> Umgekehrt spielen beim heuristischen Denken aber die Handlungen oft eine weit wichtigere Rolle als formale Beziehungen. Bei einer integrativen Sicht von Mathematik, wie wir sie anstreben, darf keiner dieser beiden Aspekte fehlen. (Fischer und Malle 2004, S. 186)

Sowohl in der Klassifizierung von Balacheff (1988) wie in derjenigen von Fischer und Malle (2004) wird der Prozess des Beweisens fokussiert, da jeweils geklärt wird, auf welche Weise ein Beweis erzeugt werden kann. Es wird also danach gefragt, wie ein bestimmter Beweis zustande gekommen ist, und darauf aufbauend die Klassifizierung vorgenommen.

Eine noch stärker kognitionspsychologisch fundierte Klassifizierung ist in der Unterscheidung zwischen *präformalen* und *formalen* Beweisen (Blum und Kirsch 1991) oder in der Klassifizierung von Wittmann und Müller (1988) erkennbar, die im folgenden Abschnitt genauer beleuchtet wird.

2.5.3 Drei Beweistypen nach Wittmann und Müller (1988)

Wittmann und Müller (1988) fokussieren in ihrer Klassifikation sowohl den Prozess und die Handlung des Beweisens sowie die Form des fertigen Beweises und die dabei verwendete Repräsentationsform des sich während des Prozesses abspielenden Denkens (vgl. Aebli 1981; Bruner 1974).

Als einfachste Form beschreiben Wittmann und Müller (1988) den *experimentellen* Beweis, der ausgehend von einzelnen Beispielen einen Sachverhalt prüft und auf dessen Verifikation oder Falsifikation abzielt. Allerdings ergibt sich durch dieses Handeln keine abschließende Gewissheit über die Gültigkeit der untersuchten Behauptung, da dieser Anspruch lediglich für die geprüften Beispiele erhoben werden kann. Es kann aber keine Aussage bezüglich der Allgemeingültigkeit getroffen werden. Weil experimentelle

Beweise mit konkreten Beispielen arbeiten, rücken sie formale Aspekte in den Hintergrund. Aus diesem Grund sind sie besonders geeignet für jüngere und weniger leistungsfähige Lernende, die sich mittels eines experimentellen Zugangs systematisch mit einer Behauptung oder Vermutung auseinandersetzen können.

Die experimentellen Beweise von Wittmann und Müller (1988) weisen unübersehbar eine Nähe zu den pragmatischen Beweisen von Balacheff (1988) auf und arbeiten an Beispielen. Dabei geht es aber um mehr als nur naives Ausprobieren, sondern vielmehr um „Veranschaulichungen, Plausibilitätsbetrachtungen, empirische Verifikationen und an Beispielen erläuterte Regeln, die bestimmte Aufgabenfelder erschließen" (Wittmann und Müller 1988, S. 248). Experimentelle Beweise verlangen zwar weder logisches Schlussfolgern noch das formale Formulieren eines Zusammenhangs, bieten deshalb aber wie festgehalten auch keine abschließende Sicherheit bezüglich der Allgemeingültigkeit. Die Unsicherheit in Bezug auf die Frage, ob nicht doch noch ein Gegenbeispiel existieren könnte, das nicht geprüft worden ist oder werden kann, bleibt stets bestehen. Aus diesem Grund gilt ein experimenteller Beweis in der Disziplin auch nicht als Beweis.

Als zweiten Typ nennen Wittmann und Müller (1988) den *inhaltlich-anschaulichen* Beweis. Da diesem Beweistyp immer eine Operation zugrunde liegt, wird er auch als *operativer* Beweise bezeichnet, was seinen Charakter besser umschreibt als die Bezeichnung „inhaltlich-anschaulich".

Inhaltlich-anschauliche oder operative Beweise beruhen nicht einzig auf dem Zeigen von plausiblen Beispielen, sondern stützen sich auf „Konstruktionen und Operationen, von denen intuitiv erkennbar ist, dass sie sich auf eine ganze Klasse von Beispielen anwenden lassen und bestimmte Folgerungen nach sich ziehen" (Wittmann und Müller 1988, S. 249). Für Blum und Kirsch (1989, S. 202) stellen sie „eine Kette von korrekten Schlüssen ..., die auf nicht-formale Prämissen zurückgreifen", dar. Im Gegensatz zu den experimentellen Beweisen leisten inhaltlich-anschauliche oder operative Beweise eine Verallgemeinerung, wobei diese möglichst intuitiv erkennbar oder „ablesbar" (vgl. Duncker 1935) sein sollte. Die Prämissen des inhaltlich-anschaulichen Beweises liegen zwar nicht formal vor, müssen den korrekten, formal gefassten Argumenten aber entsprechen.

Inhaltlich-anschauliche oder operative Beweisen korrespondieren mit den Handlungsbeweisen von Fischer und Malle (2004) und haben zudem eine lange Tradition. So beschreibt das berühmte Beispiel zur Flächenbestimmung eines Parallelogramms von Wertheimer (1964) einen solchen inhaltlich-anschaulichen oder operativen Beweis. In diesem Beispiel (vgl. Abb. 2.1) berichtet Wertheimer (1964, S. 55ff.) von einem fünfeinhalbjährigen Mädchen, das bei diesem Problem mit den Worten „Das ist nicht gut hier" auf die linke Seite (in der Abbildung eingezeichnet) des Parallelogramms zeigt und nach einer Schere verlangt: „Was hier schlecht ist, ist genau, was dort gebraucht wird. Es passt."

Das Mädchen hat durch seine Überlegung in einem operativen Sinne bewiesen, dass die Fläche eines Parallelogramms gleich groß ist wie die Fläche des entsprechenden Rechtecks, das die gleiche Höhe und die gleiche Länge der Längsseite aufweist wie das Parallelogramm.

Die Stichhaltigkeit eines operativen Beweises ergibt sich grundsätzlich aus der „intuitiven Kohärenz der im Beweis aufgezeigten begrifflichen Beziehungen" (Wittmann und Müller

Abb. 2.1 Parallelogramm-
Problem von Wertheimer
(1964, S. 56)

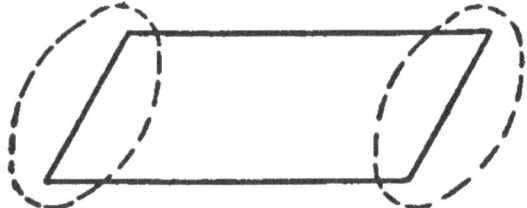

1988, S. 253). Gleichwohl ist ein operativer Beweis aber nicht sofort und in jedem Fall für alle anderen verständlich. Er muss deshalb mit der Handlung selbst gezeigt werden. Zudem muss die darin enthaltene Überlegung – weil sie nicht in einer formal konventionellen mathematischen Sprache vorliegt, in die ein operativer Beweis im Prinzip jedoch übertragen werden könnte – versprachlicht werden, um Überzeugungskraft entfalten zu können.

Als dritten Typ nennen Wittmann und Müller (1988) schließlich den *formal-deduktiven* Beweis, der dem wissenschaftlichen Beweis entspricht, der sich formaler Sprache und logischer Schlussfolgerungen bedient. Beim formal-deduktiven Beweis wird jede Aussage in einem logischen Prozess aus einer anderen Aussage abgeleitet. Ziel ist es, den Beweis nicht nur als logische Beweiskette darzustellen, sondern ihn auch in die kürzest mögliche Form zu bringen, was in der Mathematik bedeutet, ihn formal darzustellen. Formal-deduktive Beweise basieren deshalb nicht nur auf der Verwendung einer formalen, algebraischen Sprache, sondern sie verlangen auch ein streng logisches Vorgehen, sodass jede Aussage auf eine andere zurückgeführt werden kann. Aufgrund dieser anspruchsvollen Voraussetzungen ist dieser Beweistyp für Wittmann und Müller (1988, S. 240) im Hinblick auf die „Entwicklung eines für den jeweiligen sozialen Kontext angemessenen Beweisverständnisses" hinderlich. Formal-deduktive Beweise können zwar als Ziel einer langfristigen Entwicklung betrachtet werden, nicht aber als angemessene Form, um diese Entwicklung einleiten und unterstützen zu können.

Mit der Klassifikation von Wittmann und Müller (1988) und ihrer Ausdifferenzierung von drei grundlegend unterschiedlichen Beweistypen ist eine Grundlage gegeben, die sowohl die Prozess- als auch die Produktebene erfasst und darüber hinaus auch unterschiedliche Repräsentationen des Denkens ausweist, da jedem der drei Beweistypen eine andere Handlungsart, eine andere Zugangsweise, eine andere Art der Darstellung des Denkprozesses und eine andere Sprache zugrunde liegen. Während experimentelle Beweise mit Alltagssprache erarbeitet werden können, beruhen die inhaltlich-anschaulichen oder operativen Beweise auf Begrifflichkeiten, welche die Beziehungen umschreiben. Die formal-deduktiven Beweise verlangen darüber hinaus die Verwendung formal-symbolischer Sprache. Aus diesem Grund kann das Verhältnis der drei Beweistypen als Progression aufgefasst werden: Sowohl der Abstraktionsgrad als auch der Formalisierungsgrad nehmen vom experimentellen Beweis über den inhaltlich-anschaulichen oder operativen Beweis bis hin zum formal-deduktiven Beweis kontinuierlich zu. Konkret bedeutet dies, dass die Notwendigkeit, Alltagssprache durch Fachsprache und Fachtermini zu ergänzen und symbolische Darstellungsweisen zu verwenden, von Beweistyp zu Beweistyp immer grösser wird.

2.5.4 Genetisches Beweisen

Beim genetischen Beweisen geht es nicht um eine weitere Klassifikation von Beweistypen, wie sie oben ausgeführt wurden. Vielmehr geht es darum, den Lernprozess beim
Beweisen als ausgestalteten Aufbau bzw. als Entwicklung zu beschreiben. Betrachtet man
den Beweisprozess bei Expertinnen und Experten, so suchen auch diese für eine (unbe-
wiesene, noch zu beweisende oder zu widerlegende) Behauptung ausgehend von Beispielen nach einem Muster oder einer Struktur, die sie operativ durchschauen zu versuchen,
um den erkannten Zusammenhang anschließend formal-symbolisch formulieren zu
können.

Die drei Beweistypen von Wittmann und Müller (1988) kann man deshalb in einer
Abfolge von drei verschiedenen Phasen oder Stufen auch als Beschreibung eines genetischen Vorgehens interpretieren: Ausgehend vom experimentellen Beweis, der keine
Sicherheit bezüglich der Allgemeingültigkeit der untersuchten Behauptung bietet, wird
durch den inhaltlich-anschaulichen oder operativen Zugang Einsicht in die Struktur
erlangt, die anschließend noch formal-symbolisch ausgedrückt wird. Damit erlangen
die drei Beweistypen von Wittmann und Müller (1988) eine besondere Bedeutung, weil
sie nicht nur deutlich voneinander unterscheidbare Typen bezeichnen, sondern darüber
hinaus die Beschreibung einer Entwicklung von Wissen ermöglichen.

2.5.5 Weitere Ansätze

Einen anderen Ansatz verfolgen Reid und Knipping (2010), indem sie auf der Basis
der verschiedenen Klassifikationen von Beweisen eine solche für Argumente erarbeiten
und sieben verschiedene Kategorien in weitere Unterkategorien ausdifferenzieren, die
sie sowohl mit den Ansätzen von Wittmann und Müller (1988) und Blum und Kirsch
(1991) wie auch mit demjenigen von Balacheff (1988) verbinden. Im wesentlichen
unterscheiden Reid und Knipping (2010, S. 144) zwischen empirischen, generischen,
symbolischen und formalen Argumenten sowie entsprechenden Zwischenformen („between empirical and generic", „between generic and symbolic", „between symbolic and
formal"). Gegenüber dem Ansatz von Wittmann und Müller (1988) nehmen sie damit
eine Präzisierung mit verschiedenen Zwischenformen vor und unterteilen den formal-
deduktiven Beweis in einen symbolischen Beweis und einen formalen Beweis, jeweils
mit entsprechenden Zwischenformen. Insofern unterscheiden sich diese Ansätze nicht
grundsätzlich, sondern insbesondere im Präzisierungsgrad.

Ebenfalls eine Ausdifferenzierung findet man im Zusammenhang mit den deutschen
Bildungsstandards (Kultusministerkonferenz 2003, 2005) bei Leiss und Blum (2006).
Auch sie verweisen auf die unterschiedlichen Repräsentationsmöglichkeiten schließen-
den bzw. schlussfolgernden Denkens, indem sie die drei Darstellungsebenen von Bruner
(1974) heranziehen, auf denen Repräsentationen möglich sind. Es sind dies 1) die
enaktive Ebene, 2) die ikonische Ebene und 3) die symbolische Ebene, die in eine

sprachlich-symbolische und eine formal-symbolische Ebene unterteilt werden kann. Leiss und Blum (2006) legen auf dieser Grundlage fünf unterschiedliche Beweisansätze vor, die sie nicht als Beweistypen bezeichnen, sondern lediglich als Ansätze ausweisen: 1) den paradigmatischen Ansatz, 2) den algebraischen Ansatz, 3) den zeichnerischen Ansatz, 4) den inhaltlichen Ansatz und 5) den iterativen Ansatz.

Diese fünf Ansätze sind nicht immer trennscharf voneinander abgrenzbar und greifen einerseits auf die erwähnten Darstellungsebenen zurück, nennen andererseits aber auch Prinzipien und Vorgehensweisen. Der iterative Ansatz beschreibt die Strategie, nicht aber die Form der Darstellung dieses Prozesses. Der algebraische Ansatz hingegen korrespondiert mit dem formal-deduktiven Beweis. Der zeichnerische, der inhaltliche und der paradigmatische Beweis wiederum beschreiben eine bestimmte Ausgestaltung eines inhaltlich-anschaulichen oder operativen Beweises. Beim paradigmatischen Ansatz soll durch Offenlegen der Strukturen ein Paradigma geschaffen werden, auf das im weiteren Verlauf zurückgegriffen werden kann. Damit steht hier nicht wie bei den anderen beiden Ansätzen – beim algebraischen und beim zeichnerischen – die Form, in welcher ein Beweis vorliegt, im Zentrum, sondern der Prozess bzw. die Handlung, die sich auf das Erarbeiten eines Paradigmas abstützt. Darüber hinaus wird diese Handlung sehr viel weiter definiert, als dies beim iterativen Ansatz der Fall ist, der ebenfalls ein bestimmtes Vorgehen beschreibt. Es handelt sich bei diesen fünf verschiedenen Beweisansätzen um Beschreibungen von unterschiedlichen Merkmalen und nicht um eine eigentliche Systematik.

2.5.6 Konkretisierung an einem Beispiel

Am Beispiel einer relativ einfachen Aufgabe aus dem Bereich Zahl und Variable, die auf unterschiedliche Arten bewiesen werden kann, sollen die drei verschiedenen Beweistypen von Wittmann und Müller (1988) nun konkretisiert werden (Details findet man bei Brunner 2013). Gleichzeitig wird in dieser Konkretisierung auch eine Umsetzung des genetischen Beweisens erkennbar.

Die Aufgabe lautet wie folgt: „Die Summe $13 + 15 + 17 + 19$ ist durch 8 teilbar. Gilt dies für jede Summe von vier aufeinanderfolgenden ungeraden Zahlen?"

In einem ersten Schritt werden zur Klärung dieser Frage einige Beispiele erzeugt und überprüft, ob sich dieses Muster auch bei weiteren Zahlenbeispielen zeigt oder ob es nur gerade für das im Aufgabentext enthaltene gilt:

$7 + 9 + 11 + 13 = 40$	$40 : 8 = 5$	Also gilt: $8 \mid 40$
$21 + 23 + 25 + 27 = 96$	$96 : 8 = 12$	Also gilt: $8 \mid 96$
$431 + 433 + 435 + 437 = 1736$	$1736 : 8 = 217$	Also gilt: $8 \mid 1736$

Damit liegt nun ein experimenteller Beweis vor. Doch selbst wenn noch weitere Beispiele generiert würden, bliebe der Beweis stets an die geprüften und für korrekt befundenen

Abb. 2.2 Inhaltlich-
anschaulicher/operativer Beweis

$$13 + 15 + 17 + 19 = 64$$
$$\underset{+2}{\downarrow}\quad\underset{+2}{\downarrow}\quad\underset{+2}{\downarrow}\quad\underset{+2}{\downarrow}\quad\underset{+8}{\downarrow}$$
$$15 + 17 + 19 + 21 = 72$$

Beispiele gebunden. Die Gewissheit, dass tatsächlich jede Summe aus vier aufeinanderfolgenden ungeraden Zahlen durch 8 teilbar ist, fehlt, weil nicht alle möglichen Zahlenbeispiele durchgerechnet werden können und deshalb nicht völlig ausgeschlossen
werden kann, dass nicht doch ein Beispiel existieren könnte, für das der behauptete
Zusammenhang nicht gilt.

Wird hingegen vom Aufgabenbeispiel ausgehend systematisch nach dem Aufbau der
Struktur gesucht und versucht, die Allgemeingültigkeit zu klären, liegt ein operativer
Beweis vor. Das ist beispielsweise in Abb. 2.2 der Fall.

Ausgehend von einem ersten Beispiel, anhand dessen das erzeugte Muster der
Summe von vier aufeinanderfolgenden ungeraden Zahlen auf seine Teilbarkeit durch
8 hin geprüft und die Behauptung für dieses Beispiel verifiziert wird, wird anschließend an einem weiteren Beispiel untersucht, wie sich die Muster der beiden Summen
zueinander verhalten. Dabei wird festgestellt, dass zwischen dem ersten Summanden
der ersten Summe und dem ersten Summanden der zweiten Summe die Differenz von
2 besteht. Dies gilt für jeden der vier Summanden. Insgesamt ergibt sich zwischen
jedem der vier Summanden der ersten Summe und dem entsprechenden Summanden
der zweiten Summe jeweils eine Differenz von 2. Die Summe der Differenzen ergibt 8.
Und 8 ist teilbar durch 8. Auf diese Weise kann gezeigt werden, dass, wenn die erste
Summe durch 8 teilbar ist, jede weitere Summe des gleichen Musters ebenfalls durch 8
teilbar sein *muss*, und zwar *notwendigerweise*. Die Struktur des Musters ist offengelegt,
Einsicht in den Zusammenhang zwischen der ersten und jeder weiteren Summe von
vier aufeinanderfolgenden ungeraden Zahlen ist erlangt, womit ein operativer Beweis
erzeugt worden ist.

Im in Abb. 2.2 aufgeführten Beispiel wird das Denken mittels Markierungen anschaulich gemacht; Leiss und Blum (2006) würden von einem Paradigma sprechen. Eine
formal-symbolische algebraische Notation hingegen ist nicht gegeben. Gleichwohl
konnte mithilfe des inhaltlich-anschaulichen Vorgehens ein Beweis erzeugt werden, der
Einsicht in die untersuchte Struktur ermöglicht. Zudem handelt es sich um ein iteratives
Vorgehen, weil gezeigt wird, dass eine Behauptung notwendigerweise für jedes weitere
mögliche Beispiel des gleichen Musters gilt.

Operatives Beweisen kann Denkprozesse aber auch anders repräsentieren, z. B. indem
sie auf ikonischer Ebene sichtbar gemacht werden. Im Falle unseres Beispiels zur Teilbarkeit könnte das wie in Abb. 2.3 dargestellt aussehen:

Die ersten vier ungeraden Zahlen aus der Zahlenreihe werden zeichnerisch (oder
enaktiv mit entsprechenden Quadraten oder Würfeln) dargestellt. Nun kann durch
Verschieben der Quadrate gezeigt werden, dass lauter Achtergruppen von Quadraten
erzeugt werden können: Das erste Quadrat ergänzt die sieben Quadrate ganz rechts zu

Abb. 2.3 Ikonische
Darstellung der Zahlen 1, 3, 5, 7

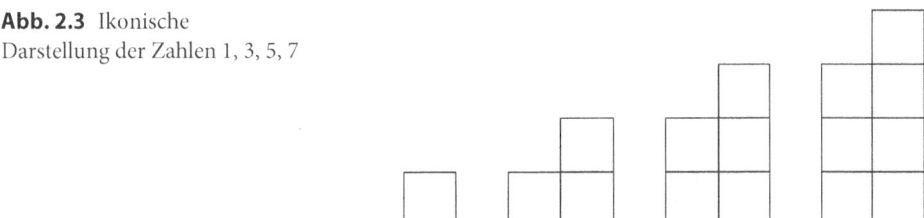

einer Achtergruppe und die drei Quadrate der zweiten und die fünf Quadrate der dritten Figur ergeben ebenfalls eine Achtergruppe. Damit wird klar, dass die Gesamtanzahl der Quadrate durch 8 teilbar ist.

In einem zweiten Schritt gilt es nun zu überlegen, was bei der nächsten Summe von vier aufeinanderfolgenden ungeraden Zahlen geschieht. Dazu wird jeder Summand um 2 zum nächstgrößeren ergänzt. Dadurch entsteht die Summe $3 + 5 + 7 + 9 = 16$, die ebenfalls teilbar durch 8 ist. Indem anschaulich gemacht wird, dass bei jedem Summanden zwei Quadrate dazukommen, um den nächstgrößeren Summanden zu erzeugen, und dass die Summe dieser zusätzlichen (in Abb. 2.4 dunkel schattierten) Quadrate stets 8 ist, wird die Struktur des Musters offengelegt, weil ersichtlich wird, dass auch die Summe der zusätzlichen Quadrate durch 8 teilbar ist.

Weil auf diesem Muster aufbauend in der Folge jede weitere Summe von vier aufeinanderfolgenden ungeraden Zahlen pro Summand um zwei Quadrate ergänzt werden könnte, wird deutlich, dass die Teilbarkeit durch 8 zwingenderweise für jede so strukturierte Summe gilt. Aus diesem Grund handelt es sich auch in diesem Fall um einen operativen Beweis. Dessen Prämissen und die Konklusion liegen zwar nicht in formaler Notation vor, müssten aber – wie bereits erwähnt – grundsätzlich in einem korrekten formalen Argument gefasst werden können. Dass dies der Fall ist, lässt sich leicht mithilfe eines formal deduktiven Beweises zeigen, der das Denken formal-symbolisch in algebraischer Sprache repräsentiert:

Eine ungerade Zahl kann als $2n \pm 1$ ausgedrückt werden. Das entspricht der ikonischen Darstellung mit den Quadraten. In der ersten Abbildung (vgl. Abb. 2.3) wird die erste ungerade Zahl 1 als $2n - 1$ dargestellt, in der zweiten (vgl. Abb. 2.4) hingegen als $2n + 1$. Zwischen dem ersten und dem nächsten Summanden des Musters beträgt die Differenz 2, weil nur ungerade Zahlen einbezogen werden dürfen. Die Summe von vier aufeinanderfolgenden ungeraden Zahlen kann deshalb entweder als

$(2n - 1) + (2n + 1) + (2n + 3) + (2n + 5) = 8n + 8$ (vgl. Abb. 2.3) oder als
$(2n + 1) + (2n + 3) + (2n + 5) + (2n + 7) = 8n + 16$ (vgl. Abb. 2.4)

geschrieben werden. In beiden Fällen wird durch Ausklammern von 8 klar, dass diese Summen immer und notwendigerweise durch 8 teilbar sein müssen:

$8n + 8 = 8\,(n + 1)$ $=>$ $8 \mid 8n + 8$
$8n + 16 = 8\,(n + 2)$ $=>$ $8 \mid 8n + 16$

Abb. 2.4 Ikonische
Darstellung der ungeraden
Zahlen 3, 5, 7, 9

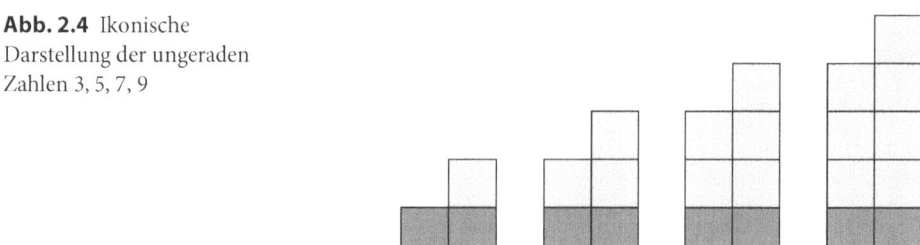

Der Zusammenhang zwischen der Summe des in der Aufgabe formulierten Musters (vier aufeinanderfolgende ungerade Zahlen) und der Teilbarkeit durch 8 wird hier algebraisch formuliert. Dies entspricht den mathematischen Konventionen und hält die Prämissen und die Konklusion des operativen Beweises wie gefordert in formal-symbolischer algebraischer Notation fest.

Literatur

Aebli, H. (1981). *Denken. Das Ordnen des Tuns* (Bd. 2). Stuttgart: Klett-Cotta.

Aigner, M., & Ziegler, G. M. (2002). *Das Buch der Beweise*. Berlin: Springer.

Balacheff, N. (1988). *Etude des processus de preuve chez des élèves de Collège*. Grenoble: Université Joseph Fournier.

Bayer, K. (2007). *Argument und Argumentation. Logische Grundlagen der Argumentationsanalyse.* Göttingen: Vandenhoeck & Ruprecht.

Blum, W., & Kirsch, A. (1989). Warum haben nicht-triviale Lösungen von f′ = f keine Nullstellen? Beobachtungen und Bemerkungen zum inhaltlich-anschaulichen Beweisen. In H. Kautschitsch & W. Metzler (Hrsg.), *Anschauliches Beweisen* (S. 199–209). Wien: Hölder-Pichler-Tempsky.

Blum, W., & Kirsch, A. (1991). Preformal proving: Examples and reflections. *Educational Studies in Mathematics, 22*, 183–203.

Bruner, J. (1974). *Entwurf einer Unterrichtstheorie*. Berlin: Cornelsen.

Brunner, E. (2013). *Innermathematisches Beweisen und Argumentieren in der Sekundarstufe I.* Münster: Waxmann.

De Villiers, M. (1990). The role and the function of proof in mathematics. *Pythagoras, 24*, 17–24.

Dewey, J. (2002). *Wie wir denken*. Zürich: Pestalozzianum.

Duncker, K. (1935). *Zur Psychologie des produktiven Denkens*. Berlin: Springer.

Durand-Guerrier, V. (2008). Truth versus validity in mathematical proof. *ZDM Mathematics Education, 40*, 373–384.

Euklid (2003). *Die Elemente* (4. Aufl.). Frankfurt a.M.: Harri Deutsch.

Fischer, H., & Malle, G. (2004). *Mensch und Mathematik. Eine Einführung in didaktisches Denken und Handeln* (Nachdruck). Wien: Profil.

Freudenthal, H. (1977). *Mathematik als pädagogische Aufgabe* (Bd. 1 & 2). Stuttgart: Klett.

Hanna, G. (1997). The ongoing value of proof. *Journal für Mathematikdidaktik, 18*(2/3), 171–185.

Hanna, G. (2005). A brief overview of proof, explanation, exploration and modelling. In H. W. Henn & G. Kaiser (Hrsg.), *Mathematikunterricht im Spannungsfeld von Evolution und Evaluation. Festschrift für Werner Blum* (S. 139–151). Hildesheim: Franzbecker.

Hanna, G., & Barbeau, E. (2008). Proofs as bearers of mathematical knowledge. *ZDM Mathematics Education, 40*, 345–353.

Heintz, B. (2000). *Die Innenwelt der Mathematik. Zur Kultur und Praxis einer beweisenden Disziplin.* Wien: Springer.

Hersh, R. (1993). Proving is convincing and explaining. *Educational Studies in Mathematics, 24*(2), 389–399.

Jahnke, H. N. (2008). Theorems that admit exceptions, including a remark on Toulmin. *ZDM Mathematics Education, 40*, 363–371.

Jahnke, H. N. (2010). Zur Genese des Beweisens. In A. Lindmeier & S. Ufer (Hrsg.), *Beiträge zur Mathematikdidaktik. Vorträge auf der 44. Tagung für Didaktik der Mathematik, 8.–12.3.2010 in München* (S. 51–59). Münster: WTM.

Kulturministerkonferenz (KMK). (2003). *Bildungsstandards im Fach Mathematik für den Mittleren Schulabschluss. Beschluss vom 4.12.3003.* München: Luchterhand.

Kultusministerkonferenz (KMK). (2005). *Bildungsstandards der Kulturministerkonferenz. Erläuterungen zur Konzeption und Entwicklung.* München: Luchterhand.

Lakatos, I. (1979). *Beweise und Widerlegungen.* Braunschweig: Vieweg.

Leiss, D., & Blum, W. (2006). Beschreibung zentraler mathematischer Kompetenzen. In W. Blum, C. Drüke-Noe, R. Hartung, & O. Köller (Hrsg.), *Bildungsstandards Mathematik: konkret. Sekundarstufe I: Aufgabenbeispiele, Unterrichtsanregungen, Fortbildungsideen* (S. 33–50). Berlin: Cornelsen.

Meyer, M. (2007). *Entdecken und Begründen im Mathematikunterricht: von der Abduktion zum Argument.* Hildesheim: Franzbecker.

Poincaré, H. (1914). *Wissenschaft und Hypothese* (3. Aufl.). Leipzig: Teubner.

Pólya, G. (1949). *Schule des Denkens.* Bern: Francke.

Pólya, G. (1995). *Schule des Denkens* (4. Aufl.). Bern: Francke.

Rav, Y. (1999). Why do we prove theorems? *Philosophia Mathematica, 7*(1), 5–41.

Reid, D. A., & Knipping, C. (2010). *Proof in mathematics education. Reserach, learning and teaching.* Rotterdam: Sense Publisher.

Schwarz, B. B. (2009). Argumentation and learning. In N. Muller Mirza & A.-N. Perret-Clermont (Hrsg.), *Argumentation and education* (S. 91–126). New York: Springer.

Schwarz, B. B., Hershkowitz, R., & Prusak, N. (2010). Argumentation and mathematics. In K. Littleton & C. Howe (Hrsg.), *Educational dialogues: Understanding and promoting productive interaction* (S. 115–141). Oxon: Routledge.

Wartha, S., & Wittmann, G. (2009). Lernschwierigkeiten im Bereich der Bruchrechnung und des Bruchzahlbegriffs. In A. Fritz & S. Schmidt (Hrsg.), *Fördernder Mathematikunterricht in der Sek. I. Rechenschwierigkeiten erkennen und überwinden* (S. 73–108). Weinheim: Beltz.

Wertheimer, M. (1964). *Produktives Denken* (2. Aufl.). Frankfurt a.M.: Kramer.

Winter, H. (1991). *Entdeckendes Lernen im Mathematikunterricht. Einblicke in die Ideengeschichte und ihre Bedeutung für die Pädagogik* (2. verb. Aufl.). Braunschweig: Vieweg.

Wittmann, E. C., & Müller, N. G. (1988). Wann ist ein Beweis ein Beweis? In P. Bender (Hrsg.), *Mathematikdidaktik – Theorie und Praxis. Festschrift für Heinrich Winter* (S. 237–258). Berlin: Cornelsen.

Argumentieren, Begründen und Beweisen

In der Literatur sowie im Zusammenhang mit den Kompetenzmodellen, den aktuellen Bildungsstandards oder den großen Leistungsmessungsstudien werden die Begriffe „Argumentieren", „Begründen" und „Beweisen" teilweise sehr unterschiedlich verwendet. Deshalb wird in diesem Kapitel zunächst eine Begriffsbestimmung vorgenommen. Bezüglich des Verhältnisses dieser drei Begriffe bzw. Prozesse zueinander zeigt sich eine weitere Kontroverse. Auch hier besteht Klärungsbedarf. Des Weiteren wird eine mögliche Schematisierung der allgemeinen Argumentstruktur vorgestellt und es werden verschiedene Begründungsarten beschrieben. Die Zusammenfassung am Schluss dieses Kapitels mündet in ein Modell, in dem das Verhältnis zwischen Argumentieren, Begründen und Beweisen anschaulich aufgezeigt wird.

3.1 Argumentationsbegriff

Der Argumentationsbegriff wird nicht nur in verschiedenen Feldern verwendet, sondern auch unterschiedlich definiert. Schwarz et al. (2010, S. 116) sprechen deshalb von einem „multifaceted term with different meanings". Eine Definition, die international auch im Bereich der Erziehungswissenschaften weit verbreitet ist, stammt von van Eemeren et al. (1996, S. 5). Sie definieren „Argumentation" wie folgt:

> Argumentation is a verbal and social activity of reason aimed at increasing (or decreasing) the acceptability of a controversial standpoint for the listener or reader, by putting forward a constellation of propositions intended to justify (or refute) the standpoint before a ‚rational judge'.

Zentral an dieser Definition sind einerseits der soziale Rahmen und der Diskurs (Argumentieren kann gemäß dieser Definition keine monologische Aktivität sein) und andererseits die Strittigkeit unterschiedlicher Standpunkte, die es im Dialog durch rationale Überzeugungsarbeit oder eben mithilfe von Argumenten zu entscheiden gilt.

E. Brunner, *Mathematisches Argumentieren, Begründen und Beweisen*, Mathematik im Fokus, DOI: 10.1007/978-3-642-41864-8_3, © Springer-Verlag Berlin Heidelberg 2014

Auch wenn diese Definition für eine Vielzahl von unterschiedlichen Kontexten zutrifft, birgt sie für den schulischen Kontext und das dort stattfindende Beweisen doch einige Schwierigkeiten, die es genauer zu beleuchten gilt (vgl. Abschn. 3.2). Insbesondere der Aspekt kontroverser Standpunkte ist im Mathematikunterricht eher selten gegeben. Schwarz et al. (2010) sprechen denn auch weniger von der kontroversen Standpunkten als vom dialektischen Charakter einer Argumentation. Dieser schließt eine mögliche Auseinandersetzung um Argumente ein, ohne dass eine solche jedoch zwingend notwendig ist. Aus diesem Grund erweist sich eine zweite mögliche Definition des Argumentationsbegriffs, welche diese Auseinandersetzung nicht zwingend voraussetzt, für schulisches Beweisen hilfreicher:

> We see argumentative interaction fundamentally as a type of dialogical or dialectical game that is played upon and arises from the terrain of collaborative problem solving and that is associated with collaborative meaning-making. (Baker 2003, S. 48)

Diese Definition verortet die Argumentation als argumentative Interaktion im Bereich des gemeinsamen Problemlösens und des Herstellens von geteilter Bedeutung im entsprechenden sozialen Kontext. Diese Dimension der geteilten Bedeutung und des „meaning-making" fehlt in der ersten Definition von van Eemeren et al. (1996), ist aber gerade für schulische Beweisprozesse sehr bedeutsam. Interessant ist an der Definition von Baker (2003) zudem, dass er nicht von Argumentation spricht wie dies van Eemeren et al. (1996) tun, sondern von einer argumentativen Interaktion. Damit wird stärker auf die Handlung der beteiligten Akteure fokussiert. Argumentieren kann somit als Vorbringen von Argumenten in einem sozialen Kontext interpretiert werden.

Nicht alle Autorinnen und Autoren beurteilen den Zusammenhang zwischen Argumentieren und Kommunikation gleich, obgleich bezüglich der Wichtigkeit des sozialen und kommunikativen Kontextes Konsens herrscht. Das Diskursmodell von Habermas (1999) beispielsweise sieht eine Argumentation, die auf eine rationale Konsensfindung abzielt, primär als Unterbrechung des Gesprächs im Sinne eines Bruchs im Kommunikationsverlauf. Andere Autorinnen und Autoren (z. B. Krummheuer 1997; Krummheuer und Brandt 2001; Schwarzkopf 2000) hingegen, die weniger auf das Entscheiden von Kontroversen fokussieren, definieren Argumentieren als gegenseitiges Anzeigen der Rationalität des Handelns. Aus dieser Sicht sind Argumente „in der Regel in Interaktionsprozesse eingebunden, die in der Gesamtheit ihrer Handlungen eine Argumentation erzeugen" (Krummheuer und Brandt 2001, S. 18).

Die Verwendung des Argumentationsbegriffs im Zusammenhang mit dem Mathematikunterricht ist – im Gegensatz zu demjenigen des Arguments – verhältnismäßig neu (vgl. Schwarz et al. 2010). Nötig sind deshalb Definitionen, die den Begriff stärker in diesem Feld verorten, als dies bei den oben aufgeführten, eher generalisierenden Definitionen der Fall ist, die aus dem Bereich der Argumentationstheorie stammen. Schwarzkopf (2000, S. 240) definiert „Argumentation" deshalb wie folgt: „Der im Unterricht stattfindende soziale Prozess, bestehend aus dem Anzeigen eines Begründungsbedarfs und dem Versuch, diesen Begründungsbedarf zu befriedigen, wird als Argumentation bezeichnet." Im Gegensatz zur Definition von van Eemeren et al. (1996) wird hier keine Kontroverse vorausgesetzt. Aber auch die dialektische Konstruktion von Bedeutung, wie sie von Baker (2003) hervorgehoben wird, ist darin nicht enthalten. Gerade diese ist für schulische Lernprozesse aber zentral. Zudem gilt diese Definition auch für den Vorgang des Begründens. Deshalb sind beide Definitionen für Argumentieren innerhalb des Mathematikunterrichts nur teilweise geeignet. Dies führt zur Frage, wie sich das Argumentieren zum Begründen und Beweisen verhält.

3.2 Zum Verhältnis von Argumentieren, Begründen und Beweisen

Nicht nur die Begrifflichkeiten werden unterschiedlich verwendet, auch das Verhältnis zwischen Argumentieren und Begründen und ihre Beziehung zum Beweisen werden sehr verschieden interpretiert. Von den drei hier verwendeten Bezeichnungen ist „Beweisen" vergleichsweise gut geklärt (siehe auch Abschn. 2.1). Weil das Beweisen eng mit der Disziplin der Mathematik, die sich als beweisende Wissenschaft versteht, verbunden ist, werden die Begriffe „Beweisen" und „Beweis" recht konsistent definiert und gemeinhin als deduktiver Vorgang interpretiert. Gerade weil der Begriff „Beweisen" eng mit dem formal-deduktiven Vorgehen verbunden und damit durch formale Strenge gekennzeichnet ist, wird in schulischen Kontexten häufig auf die Verwendung des Begriffs verzichtet und an dessen Stelle von „Begründen" oder „Argumentieren" gesprochen, ohne sich allerdings darüber im Klaren zu sein, wie sich diese drei Begriffe zueinander verhalten. Die Begriffe „Begründen" und „Argumentieren" werden nämlich nicht zwingend mit einem deduktiven Vorgehen gleichgesetzt und weisen einen deutlich größeren Bedeutungsspielraum auf als dies für den Begriff „Beweisen" gilt.

Zum Verhältnis zwischen Argumentieren, Begründen und Beweisen besteht in der Literatur kein grundsätzlicher Konsens (vgl. auch Fetzer 2011; Reid und Knipping 2010). Die Kontroverse bezieht sich insbesondere auf das Verhältnis zwischen Argumentieren einerseits und Beweisen oder Begründen andererseits, wobei die Beziehung zwischen Beweisen und Begründen selbst kaum je geklärt wird.

Im Wesentlichen zeigen sich zum Verhältnis zwischen Argumentieren und Beweisen zwei unterschiedliche Standpunkte: In der einen Sichtweise (z. B. Pedemonte 2007; Winter 1983) wird Argumentieren in einen engen Zusammenhang mit Beweisen gestellt, in der anderen hingegen (z. B. Balacheff 1991; Duval 1991) werden Beweisen und Argumentieren als unterschiedliche Tätigkeiten verstanden. Dieser Unterschied wird zudem als Ursache für Fehlvorstellungen beim schulischen Beweisen interpretiert, weil die spezifischen Regeln des Beweisens fälschlicherweise mit denjenigen des Argumentierens gleichgesetzt würden:

> Deductive thinking does not work like argumentation. However, these two kinds of reasoning use very similar linguistic forms and propositional connectives. This is one of the main reasons why most of the students do not understand the requirements of mathematical proofs. (Duval 1991, S. 233)

Duval (1991) versteht Begründen demnach als Oberbegriff, unter den sowohl das Argumentieren als auch das Beweisen fallen. Als Hauptunterschied zwischen den beiden Begriffen kann ihr Einsatzbereich und somit der Kontext herangezogen werden. Beweise sind für die Mathematik sehr wichtig, aber kaum für das Argumentieren im alltäglichen Leben geeignet:

> Proof is entirely conceived in the language of the discipline of which it is part. … In an argumentation, ordinary language largely prevails, even if it can present technical terms – for example, from the legal, financial, economics areas, etc. – when used in specialized contexts. (Rigotti und Greco Morasso 2009, S. 21)

Argumentieren und Beweisen können somit als zwei spezifische Formen von Begründen verstanden werden, die sich auf unterschiedliche Kontexte beziehen und damit auch teilweise unterschiedlichen Regeln folgen und andere Mittel verwenden. Für beide Ausprägungen des rationalen Begründens ist jedoch der Aspekt der „reasonableness" (Rigotti und Greco Morasso 2009, S. 22f.) entscheidend. Darunter verstehen Rigotti und Greco Morasso (2009) nicht nur Rationalität, sondern auch das Bemühen darum, alle relevanten Faktoren einzubeziehen. Dies gilt für Beweis und Argumentation gleichermaßen, denn beide müssen plausibel und vernünftig sein und alle relevanten Aspekte eines Problems berücksichtigen.

Weil Argumentieren keine spezifisch mathematische Tätigkeit ist, sehr wohl aber auch eine wichtige mathematische Aktivität darstellt, wird der Begriff meist ergänzt und es wird von „mathematischem Argumentieren" gesprochen. Mathematisches Argumentieren umfasst einerseits explorative Aktivitäten und andererseits solche zur Absicherung einer als plausibel angenommenen Behauptung (vgl. Reiss und Ufer 2009). Ein eher weites Verständnis von Argumentieren setzt sich insbesondere im Bereich der Primarschule durch (vgl. Fetzer 2011), ein engeres Verständnis bzw. eine Fokussierung auf deduktives Schließen und damit auf Beweisen findet man eher im Bereich der Sekundarstufe, was bezüglich der Lernvoraussetzungen der entsprechenden Schülerinnen und Schüler der unterschiedlichen Schulstufen durchaus funktional ist.

Diese unterschiedlichen Akzentuierungen findet man nicht nur in der Literatur, sondern auch in der Formulierung der Bildungsstandards für den Bereich Mathematik nebeneinander (vgl. Abschn. 3.3). Es ist deshalb von Bedeutung, sich bezüglich des Verhältnisses von Argumentation und Beweis einerseits und Argumentieren, Begründen und Beweisen andererseits klar zu werden und sich zu positionieren. Im Rahmen dieser Publikation wird Begründen als Oberbegriff verstanden und als Kontinuum mit den Stationen alltagsbezogenes Argumentieren, Argumentieren mit mathematischen Mitteln, logisches Argumentieren mit mathematischen Mitteln und formal-deduktives Beweisen konzeptualisiert (vgl. Abb. 3.1).

Alltagsbezogenes Argumentieren folgt den Regeln des jeweiligen Kontexts und zielt darauf ab, die Annahme oder Ablehnung eines bestimmten Standpunkts zu erreichen. Dafür stehen verschiedene Begründungsarten zur Verfügung, darunter auch solche, die nicht den mathematischen Konventionen entsprechen (vgl. Abschn. 3.6.3).

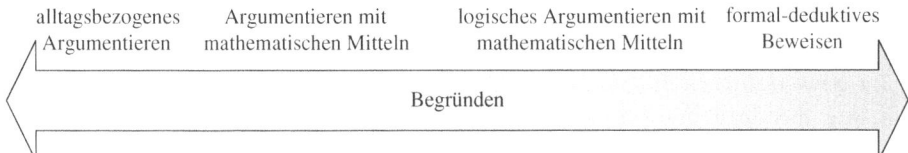

Abb. 3.1 Argumentieren und Beweisen als Kontinuum

Argumentieren mit mathematischen Mitteln hingegen bezieht zwingend mathemati-sche Mittel in die Argumentation ein, nicht aber notwendigerweise logisches Schließen. Denkbar ist hier beispielsweise auch ein Argumentieren auf der Basis eines speziellen Beispiels. Logisches Argumentieren mit mathematischen Mitteln verlangt demgegenüber ein streng logisches Vorgehen (vgl. Abschn. 3.5.1, 3.5.2), bezieht jedoch mathematische Mittel ein, die nicht zwingend formaler Art sein müssen. Es können hier auch sprachlich formulierte Schlussfolgerungen oder anschaulich an einer Handlung oder Skizze gezeigte vorliegen (Beispiele in Abschn. 3.6.4). Formal-deduktives Beweisen hingegen beruht auf der deduktiven Vorgehensweise (vgl. Abschn. 3.6.1) mit formal korrekten Argumenten und stellt den Prozess in formal-symbolischer Sprache dar.

3.3   Argumentieren, Begründen und Beweisen im Spiegel der Bildungsstandards

Argumentieren, Begründen und Beweisen sind unbestritten zentrale mathematische Kompetenzen. So sehr hinsichtlich des Stellenwerts dieser Kompetenzen Konsens besteht, so vielfältig sind die verwendeten Begrifflichkeiten in den verschiedenen Kompetenzmodellen und Bildungsstandards (Common Core State Standards Initiative 2012; Erziehungsdirektorenkonferenz 2011; Deutschschweizer Erziehungsdirektorenkonferenz 2013; Kultusministerkonferenz 2003, 2005; National Council of Teachers of Mathematics 2000).

Die deutschen Bildungsstandards (Blum et al. 2006; Kultusministerkonferenz 2003, 2005) sprechen von „Mathematisch argumentieren" und machen in dieser Präzisierung des Begriffs deutlich, dass es sich beim mathematischen Argumentieren offensichtlich nicht um alltagsnahes Argumentieren handelt, sondern um mathematisches bzw. um spezifisch in der Mathematik lokalisiertes und durchgeführtes Argumentieren. Wie sich das vom alltäglichen Argumentieren zu unterscheidende mathematische Argumentieren zum Begründen und zum Beweisen verhält, bleibt hier offen. Auf den grundsätzlich bestehenden Unterschied weist jedoch auch Reiss (2002, S. 2) hin: „Logisch konsistentes Argumentieren, stichhaltiges Begründen und die Formulierung eines Beweises auf dieser Grundlage ist eben nicht mit Mitteln der alltäglichen Logik zu bewältigen, sondern hat eigene Gesetze, die herausgearbeitet werden müssen." In dieser Aussage wird das Mathematische der Kompetenz „Mathematisch argumentieren" weiter ausdifferenziert.

Demnach handelt es sich um eine besondere Form des Argumentierens, die logisches Schließen verlangt, also ein streng logisches Argumentieren.

Im schweizerischen Kompetenzmodell (Erziehungsdirektorenkonferenz 2011) wird von „Argumentieren und Begründen" gesprochen. Hier wird offensichtlich davon ausgegangen, dass es sich dabei um zwei verschiedene Prozesse handelt, obgleich nicht geklärt wird, wie sich diese voneinander abgrenzen und zueinander verhalten. Zudem scheint „Begründen" hier nicht als Oberbegriff zu „Argumentieren" einerseits und „deduktives Schließen" andererseits verwendet zu werden (vgl. Duval 1991). Argumentieren und Begründen scheinen im schweizerischen Kompetenzmodell als zwei voneinander zu unterscheidende Prozesse auf der gleichen Hierarchieebene konzeptualisiert zu sein. Diese Formulierung findet man allerdings im neu entwickelten Lehrplan 21 (Deutschschweizer Erziehungsdirektorenkonferenz 2013) nicht mehr. Dort wird lediglich von „Argumentieren" gesprochen, das zudem mit der Kompetenz „Erforschen" zusammengefasst wird in „Erforschen und Argumentieren".

Die amerikanischen Bildungsstandards des National Council of Teachers of Mathematics (2000) hingegen grenzen mit ihrer Formulierung „Reasoning and proof" das Begründen vom Beweisen ab und folgen damit ebenfalls nicht der Hierarchie von Duval (1991). Die Standards der Common Core State Standards Initiative (2012), die von fast alle Bundesstaaten der USA übernommen worden sind und sich ihrerseits auf diejenigen des National Council of Teachers of Mathematics (2000) beziehen, beschreiben zwei unterschiedliche Standards und sprechen von „reason abstractly and quantitatively" und von „construct viable arguments and critique the reasoning of others".

Zusammenfassend lässt sich nicht nur eine große Vielfalt in den Begrifflichkeiten feststellen, sondern es zeigen sich auch unterschiedliche Vorstellungen bezüglich der Hierarchie und des Zusammenhangs der drei Prozesse Argumentieren, Beweisen und Begründen. Gleichwohl kann davon ausgegangen werden, dass weder die deutschen (Kultusministerkonferenz 2003, 2005) noch die schweizerischen (Erziehungsdirektorenkonferenz 2011; Deutschschweizer Erziehungsdirektorenkonferenz 2013) oder die amerikanischen Bildungsstandards (Common Core State Standards Initiative 2012; National Council of Teachers of Mathematics 2000) von einer Gleichsetzung dieser drei Prozesse ausgehen. Allerdings klärt auch keiner der drei Ansätze die Beziehung dieser Prozesse explizit und auch theoretische Referenzen werden zur Klärung dieses Verhältnisses nicht herangezogen.

Betrachtet man – wie im Rahmen dieser Publikation (vgl. Abschn. 3.2) – „Begründen" als Oberbegriff, der ein Kontinuum zwischen alltagsbezogenem Argumentieren und formal-deduktivem Beweisen beschreibt, fällt es schwer, die in den Bildungsstandards und Kompetenzmodellen verwendeten Begrifflichkeiten einzuordnen (vgl. Abb. 3.2). Am besten gelingt dies noch bei der Bezeichnung, welche die deutschen Bildungsstandards gewählt haben, „mathematisch argumentieren" (Kultusministerkonferenz 2003, 2005), wenngleich nicht geklärt wird, worin das Mathematische bei diesem Argumentieren genau besteht. Das spezifisch Mathematische kann sich sowohl auf das logisch strenge Argumentieren als auch auf das Argumentieren mit mathematischen Mitteln bzw. innerhalb der mathematischen Domäne beziehen.

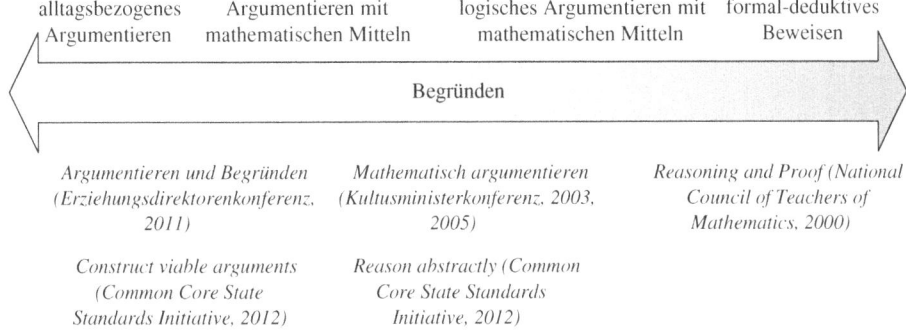

Abb. 3.2 Einordnung der Begrifflichkeiten aus den Kompetenzmodellen und Bildungsstandards

„Reasoning and proof" aus den Standards des National Council of Teachers of Mathematics (2000) enthält sowohl den Oberbegriff als auch das eine Ende des Kontinuums und rückt deshalb eher in die Nähe des formal-deduktiven Beweisens. Die Kompetenz „Argumentieren und Begründen" aus dem Schweizer Kompetenzmodell (Erziehungsdirektorenkonferenz 2011) beinhaltet ebenfalls den Oberbegriff, allerdings erst an zweiter Stelle, und nennt das andere Ende des Kontinuums. Die Umsetzung dieses Standards im verbindlichen Lehrplan 21 (Deutschschweizer Erziehungsdirektorenkonferenz 2013) verzichtet hingegen auf die Nennung des Oberbegriffs. Die Standards der Common Core State Standards Initiative (2012) nehmen zwei unterschiedliche Fokussierungen vor. Im einen Standard geht es eher um praktikables Argumentieren und damit um die Nähe zum alltäglichen Argumentieren, im anderen hingegen um abstraktes Begründen. Das abstrakte Begründen kann als Argumentieren oder als logisches Argumentieren mit mathematischen Mitteln interpretiert werden und weist damit eine grosse Übereinstimmung mit dem deutschen Standard „Mathematisch argumentieren" (Kultusministerkonferenz 2003, 2005) auf. Ob diese verschiedenen Modelle allerdings eine solche Einordnung innerhalb eines Kontinuums verschiedener Begründungsarten intendiert haben, ist fraglich, zumal keine diesbezüglichen Aussagen in den Konzeptionen der einzelnen Bildungsstandards gemacht werden.

3.4   Argumentieren, Begründen und Beweisen im Spiegel der großen Leistungsmessungsstudien

Die nicht übereinstimmenden Begrifflichkeiten und größtenteils fehlenden theoretischen Konzeptualisierungen der drei hier fokussierten Prozesse findet man nicht nur im Zusammenhang mit den unterschiedlichen Kompetenzmodellen und Bildungsstandards (vgl. Abschn. 3.3), sondern ebenso in den theoretischen Konzepten, die den internationalen Leistungsmessungsstudien zugrunde liegen.

3.4.1 Argumentieren, Begründen und Beweisen in der TIMSS-Konzeption

Die TIMS-Studie weist in ihrem Mathematikrahmen nur das Begründen aus und führt es bei den kognitiven Domänen in Abgrenzung zu „knowing" und „applying" (Mullis et al. 2009) auf. Die Tests der TIMS-Studie im Bereich Mathematik verlangen für die vierte Klasse in 20 % der Testaufgaben den kognitiven Prozess „reasoning", in je 40 % hingegen die beiden anderen („knowing" und „applying"). Für die achte Klasse ändert sich das Verhältnis der drei kognitiven Domänen, auf die sich die Testaufgaben beziehen, leicht. Hier werden 35 % der Aufgaben der Domäne „Wissen", 40 % der Domäne „Anwendung" und 25 % der Domäne „Begründen" zugeordnet (Mullis et al. 2009, S. 20). Der Unterschied besteht somit lediglich im prozentualen Anteil der Testaufgaben innerhalb dieser drei kognitiven Domänen. Die drei Domänen selbst werden für das vierte und das achte Schuljahr gleich konzipiert.

Auffallend ist, dass weder der Argumentations- noch der Beweisbegriff verwendet wird. „Reasoning" (Mullis et al. 2009, S. 45) wird als systematisches Denken beschrieben, das intuitives und induktives Begründen einschließt, sofern dieses darauf abzielt, Muster und Regelmäßigkeiten zu erkennen. Begründen besteht aus der Sicht des TIMSS-Frameworks in der Fähigkeit, zu beobachten, und im Herstellen von Beziehungen. Darüber hinaus erfordert es das Durchführen von logischen Deduktionen auf der Basis von spezifischen Vermutungen und Regeln sowie das Bestätigen der gewonnenen Resultate. Weiter wird im Zusammenhang mit Begründen darauf hingewiesen, dass dieses anhand von Problemen erfolgt, für deren Lösung keine Routinen vorhanden sind. Damit wird auf den klassischen Problembegriff (vgl. Duncker 1935; Schoenfeld 1985) verwiesen und Begründen in die Nähe des Problemlösens gerückt. Unterschieden wird in der Folge zwischen Problemtypen, die aus der reinen Mathematik stammen, und solchen aus dem Bereich der Anwendung bzw. aus realweltlichen Kontexten. In beiden Fällen ist eine Transformation des vorhandenen Wissens notwendig, um die neue Situation bewältigen zu können. Diese Transformation geht in der Regel einher mit Problemlösen- bzw. hier mit Begründungskompetenzen. Inwiefern sich Begründen vom Problemlösen abgrenzen lässt, bleibt hier wiederum offen.

3.4.2 Argumentieren, Begründen und Beweisen in der PISA-Konzeption

In der internationalen Vergleichsstudie PISA OECD (2003, 2006) werden mathematische Fähigkeiten auf der Basis von mathematischer Grundbildung („mathematical literacy") konzipiert, nämlich als

> die Fähigkeit einer Person, die Rolle zu erkennen und zu verstehen, die Mathematik in der Welt spielt, fundierte mathematische Urteile abzugeben und sich auf eine Weise mit der Mathematik zu befassen, die den Anforderungen des Lebens dieser Person als konstruktivem engagierten und reflektierendem Bürger entspricht. (OECD 2004, S. 42)

Mathematische Kompetenz wird im Rahmen von PISA in vier übergreifenden Ideen, den „overarching ideas" konzipiert, wobei sich diese vier übergreifenden Ideen auf grundlegende Inhalte beziehen (OECD 2003): 1) Quantität, 2) Veränderung und Beziehungen, 3) Raum und Form und 4) Unsicherheit (vgl. auch Frey et al. 2007). Unterschieden werden weiter drei Anforderungsniveaus, die sogenannten Kompetenzcluster, die – ähnlich wie die Konzeptualisierung bei TIMSS (vgl. Abschn. 3.4.1) – unterschiedliche kognitive Domänen ausweisen. Genannt werden 1) Reproduktion, 2) Verbinden und 3) Reflexion (Blum et al. 2004). Explizit ausgewiesen werden dabei weder Begründen noch Argumentieren oder Beweisen, obwohl gerade der Rückbezug auf Grundbildung im Sinne von Anwendungsfähigkeiten Begründen im Zusammenhang mit Problemlösen hätte erwarten lassen. Dies könnte möglicherweise damit zusammenhängen, dass der Problemlösebegriff in der PISA-Studie fächerübergreifend und damit nicht in Übereinstimmung mit demjenigen aus der TIMS-Studie konzeptualisiert ist.

Die Anforderungen werden in der PISA-Studie in sechs unterschiedliche Kompetenzstufen ausdifferenziert (vgl. Frey et al. 2007; siehe auch Sälzer et al. 2013). In der vierten Anforderungsstufe wird der Begriff „Argumentieren" explizit ausgewiesen, wenn beschrieben wird, was von den Schülerinnen und Schülern dieses Anforderungsniveaus erwartet wird: „… Sie können Erklärungen und Begründungen für ihre Interpretationen, Argumentationen und Handlungen geben." Die fünfte Kompetenzstufe weist das Spezifizieren von Annahmen explizit aus und die sechste Kompetenzstufe verlangt, dass die Schülerinnen und Schüler „ihre Überlegungen, die zu ihren Erkenntnissen, Interpretationen und Argumentationen geführt haben, präzise beschreiben und kommunizieren" (Frey et al. 2007, S. 252) können. Es fällt also auf, dass Begründen lediglich in einem eher rezeptiven Sinne verlangt wird, beispielsweise zum Begründen einer Interpretation, einer Argumentation oder einer Handlung. Beweisen oder deduktives Begründen wird hingegen nicht aufgeführt. Dies dürfte insbesondere damit zusammenhängen, dass das Konzept der Grundbildung stark auf Modellierung und Anwendung von mathematischen Fähigkeiten setzt und innermathematische Kontexte, wie sie beim Beweisen häufig im Zentrum stehen, tendenziell vernachlässigt.

Ungeklärt bleibt im PISA-Framework auch das Verhältnis zwischen Argumentieren und Begründen. Offensichtlich müssen Argumentationen diesem zufolge begründet werden. Dies ist jedoch zumindest auf der Basis eines Argumentationsbegriffs, wie er sich aus der Argumentstruktur von Toulmin (1996) ergibt, redundant, weil ein Argument genau diese Begründung beinhaltet, indem zwischen Voraussetzung und Schlussfolgerung eine logisch gültige Beziehung hergestellt wird. Dieses Verständnis von Argumenten soll im nächsten Kapitel nun weiter ausgeführt werden.

3.5 Schematisierung der Argumentstruktur

Angesichts der inkonsistent verwendeten Begrifflichkeiten und des fehlenden Konsenses in der Literatur, den Bildungsstandards und den Leistungsmessungsstudien ist es sinnvoll, die allgemeine Argumentstruktur in ihrer Schematisierung genauer zu betrachten.

Als Referenz werden im Folgenden einerseits die formale Logik und andererseits die Arbeit von Toulmin (1996) herangezogen.

3.5.1 Prämissen und Konklusion

Eine Argumentation manifestiert sich in einer sprachliche Handlung, bei der ein oder mehrere miteinander verknüpfte Argumente geäußert werden (vgl. Bayer 2007). Diese Verknüpfung erfolgt über die Tätigkeit des Schließens. Dieses, insbesondere das logische Schließen, verweist immer auf etwas, was nicht unmittelbar vorhanden ist, und referiert daher auf etwas Mittelbares, das es zu erschließen gilt, und zwar mittels einer begründbaren, rationalen Folgerung.

Ein großer Teil unserer Schlüsse im Alltag beruht auf dem unbewussten Herstellen von Zusammenhängen. Gibt man dem Schluss eine sprachliche Form oder teilt man diesen anderen mit, um eine Behauptung zu begründen oder etwas zu widerlegen, so wird aus dem bisher oft diffusen „vorsprachlichen Gedankenbündel ein Argument" (Bayer 2007, S. 18). Die individuellen unbewussten Schlüsse, die einen Großteil unserer Überzeugungen ausmachen, unterscheiden sich deutlich von sprachlich geäußerten Argumentationen, weil diese durch ihre Mitteilung im sozialen Kontext kritisier- und bestreitbar werden und einer entsprechenden logischen und sozialen Prüfung standhalten müssen.

Betrachtet man die syntaktische Ebene und damit die Struktur eines Arguments, muss zunächst zwischen Voraussetzung (Prämisse/n) und Schlussfolgerung (Konklusion) unterschieden werden. Ein Argument besteht immer aus einer Vielzahl von Aussagen (Aussagesätze). Dabei soll die finale Aussage, die Konklusion, durch vorher aufgeführte Aussagen, die Prämissen, gestützt werden. Prämissen sind somit Aussagen, die als Gründe angegeben werden, um die Schlussfolgerung zu stützen (vgl. Salmon 1983). Beispiele dafür lassen sich in der Literatur hinlänglich finden (Bayer 2007, S. 12):

Alle Menschen sind sterblich.
Arthur ist ein Mensch.
Also ist Arthur sterblich.

Zusammen stellen diese drei Aussagen ein Argument dar. Bei den ersten beiden Aussagen handelt es sich um die Prämissen bzw. Voraussetzungen, bei der dritten um die Konklusion, die aus den beiden Prämissen abgeleitet wird. Damit die Konklusion als wahr bezeichnet werden kann, müssen Prämissen und Konklusion in einer besonderen Beziehung zueinander stehen: Die Prämissen müssen erstens Aussagen sein, aus denen eine entsprechende logische Schlussfolgerung gezogen werden kann, und damit als Gründe für die Stützung der Konklusion dienen. Und zweitens muss jede der Prämissen selbst eine wahre Aussage sein, damit auch die Konklusion eine wahre Aussage darstellt. Handelt es sich hingegen bei mindestens einer der Prämissen um eine falsche Aussage, wird auch die daraus abgeleitete Konklusion eine falsche Aussage, selbst wenn das Argument in seiner Struktur korrekt ist. Auch dafür lässt sich ein Beispiel aufführen:

Alle Menschen sind Bäume.
Arthur ist ein Mensch.
Also ist Arthur ein Baum.

Die erste dieser beiden Prämissen ist eine falsche Aussage und damit nicht dazu geeignet, die Schlussfolgerung zu stützen. Aus diesem Grund ergibt sich keine wahre Konklusion. Man spricht in diesem Zusammenhang auch von der Haltbarkeit der Prämissen (vgl. Bayer 2007). Die erste Prämisse im Beispiel ist nicht haltbar.

Im folgenden Beispiel ist das Argument nicht korrekt, obwohl es sich sowohl bei den Prämissen wie bei der Konklusion um wahre Aussagen handelt:

Bern liegt in der Schweiz.
Katzen sind Säugetiere.
Also ist die Dufourspitze der höchste Gipfel der Schweizer Alpen.

Hier geht es nicht um die Haltbarkeit der Prämissen, sondern um die Relevanz der Prämissen (vgl. Bayer 2007): Diese sind für die Schlussfolgerung nicht von Relevanz, weil sie nichts damit zu tun haben. Es ist hier weder eine logische noch eine semantische Beziehung zwischen Prämissen und Konklusion gegeben. Prämissen und Konklusion haben überhaupt nichts miteinander zu tun. Deshalb können diese Prämissen auch die Konklusion nicht stützen, selbst wenn die Prämissen an sich haltbar sind.

Werden Haltbarkeit und Relevanz der Prämissen als Grundbedingung vorausgesetzt, so kann aus der Sicht der formalen Logik zusammenfassend Folgendes festgehalten werden:

> Ein korrektes Argument kann falsche Prämissen und eine falsche Konklusion haben; es kann auch falsche Prämissen und eine wahre Konklusion haben. Aber ein korrektes Argument kann niemals wahre Prämissen und eine falsche Konklusion haben. (Bayer 2007, S. 90)

Genau dieser Umstand, dass ein Argument auch korrekt ist, wenn aus falschen Prämissen eine falsche Konklusion gezogen wird, macht das Verstehen der logischen Argumentation so schwierig. Für Erhellung sorgt hier – nebst der Logik – die Unterscheidung von Semantik und Syntaktik, wie das oben gezeigt worden ist (vgl. Abschn. 2.2.5): Die Wahrheit von Aussagen wird als semantisches Kriterium auf der inhaltlichen Ebene geklärt, die Gültigkeit des Arguments hingegen auf der syntaktischen Ebene und damit auf der Ebene der Struktur des Arguments. In anderen Worten ausgedrückt lässt sich somit festhalten, dass der Übergang von den Prämissen zur Konklusion immer dann als gültig bezeichnet werden kann, wenn rein formallogisch sichergestellt wird, dass wahre Prämissen mit einer falschen Konklusion unverträglich sind – oder andersherum: Eine wahre Konklusion verbürgt formallogisch stets die Wahrheit der Prämissen. Ob die Prämissen selbst auch tatsächlich wahr sind, d. h. ob das, was sie aussagen, auch tatsächlich der Fall ist, kann daraus jedoch nicht abgeleitet werden. Die Gültigkeit eines Arguments sagt damit lediglich etwas über die *logische Beziehung* zwischen der Wahrheit der Prämissen und der Wahrheit der Konklusion aus, nicht aber über diese Wahrheit selbst (im Sinne von: „*Wenn* die Konklusion wahr ist, dann sind die Prämissen ebenfalls wahr").

Wird die Wahrheit der Prämissen jedoch als gegeben betrachtet oder gar verbürgt, dann ist es rational, auch die Konklusion für wahr zu halten. Die für das Kriterium der Gültigkeit zentrale logische Beziehung zwischen den Prämissen und der Konklusion wird beim Schließen durch die Anwendung von entsprechenden Schlussregeln gewährleistet. Dieser Aspekt wird im folgenden Kapitel, das sich mit den Bestandteilen eines Arguments auseinandersetzt, näher ausgeführt.

3.5.2 Teile und Struktur eines Arguments

Zur Struktur und zum Aufbau eines Arguments kommt im Bereich der Mathematikdidaktik der Arbeit von Toulmin (1996) nach wie vor eine zentrale Bedeutung zu. Seine Argumentstruktur dient auch zahlreichen Analysen von Argumentationsprozessen als Grundlage (z. B. Knipping 2003; Krummheuer und Brandt 2001; Pedemonte 2007; Schwarzkopf 2000). Toulmin (1996) unterscheidet je nach Funktion verschiedene Teile eines Arguments. Als Ausgangspunkt dient das sogenannte Datum. In diesem sind die unbezweifelten Aussagen gefasst. Ausgehend vom Datum kann sodann auf eine Behauptung bzw. eine Konklusion geschlossen werden. Da sich aber aus der wahren Aussage des Datums noch nicht zwingend eine wahre Konklusion ergibt, muss die Konklusion gestützt werden. Dies geschieht über die „Regel", welche die Beziehung zwischen Datum und Konklusion begründet und den Schluss dadurch rechtfertigt (vgl. Abb. 3.3).

Toulmin (1996, S. 89) bezeichnet die Regel als „warrant". Knipping (2003) und Krummheuer (1997) sprechen von der Regel als „Garant", Schwarzkopf (2000) hingegen präzisiert den Begriff als „Argumentationsregel", während die formale Logik hier von „Schlussregeln" sprechen würde. So vielfältig die verwendeten Begrifflichkeiten hier sind, so eindeutig ist die Funktion der Regel. Sie moderiert zwischen Datum und Konklusion und stützt die dargestellte Beziehung. Allerdings kann auch die Regel durchaus bezweifelt werden. Deshalb bedarf auch sie einer Stützung, die von Toulmin (1996, S. 93) auch tatsächlich als „Stützung" bezeichnet wird. In dieser Stützung wird beispielsweise angegeben, aus welchem Bereich die Regel stammt (vgl. Abb. 3.4).

Ein einfaches Argument besteht also minimal aus einem Datum, einer Konklusion und einer Regel, die zwischen Datum und Konklusion vermittelt und die gegebenenfalls selbst durch eine Stützung abgesichert wird.

Es lassen sich aber auch mehrgliedrige und mehrschichtige Argumente strukturell beschreiben (vgl. Abb. 3.5). Solche treten insbesondere in komplexen Begründungssituationen auf, wenn mehrere Folgerungen aufeinander aufbauen oder wenn Argumente von mehreren Personen interaktiv entwickelt werden (vgl. Meyer 2007).

Ist beispielsweise die Stützung einer Regel nicht für jede am Argumentationsprozess beteiligte Person einsichtig, entsteht weiterer Begründungsbedarf (vgl. Meyer 2007). Das gilt auch, wenn Widersprüche bezüglich der verwendeten Regel vermutet werden. In

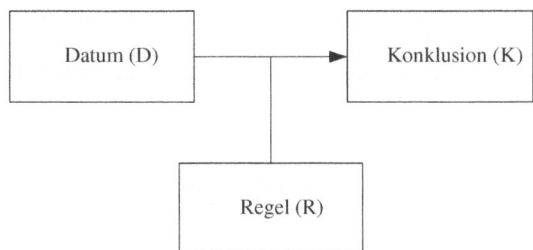

Abb. 3.3 Argumentstruktur nach Toulmin (1996)

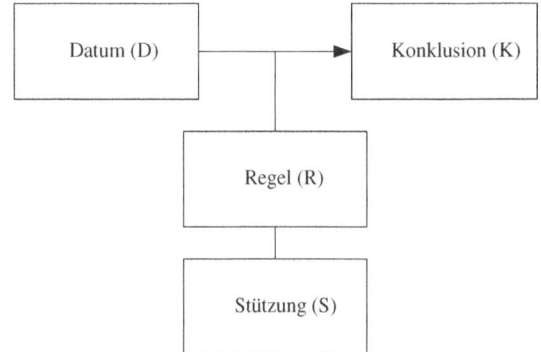

Abb. 3.4 Argumentstruktur mit Stützung nach Toulmin (1996)

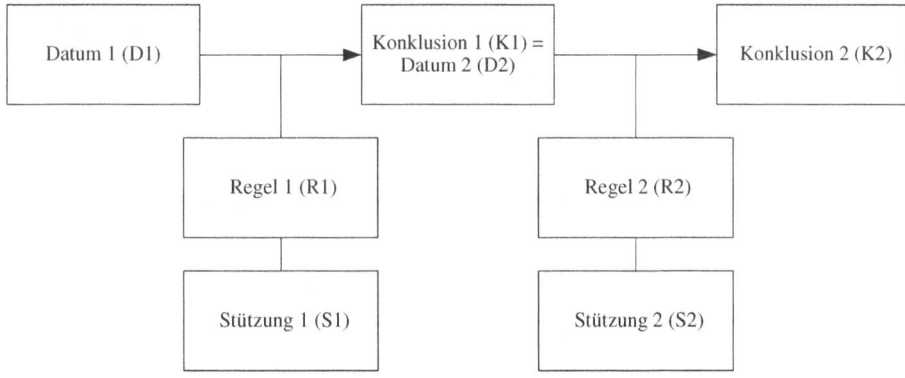

Abb. 3.5 Mehrgliedriges Argument mit zwei Begründungsschritten

diesen Fällen wird die Regel selbst zur Konklusion und zum Datum eines neuen Arguments (vgl. Abb. 3.6).

Mit dem Schema von Toulmin (1996) lassen sich Argumente strukturell darstellen, d. h. es geht um die Funktion der einzelnen Teile, die auf der syntaktischen Ebene

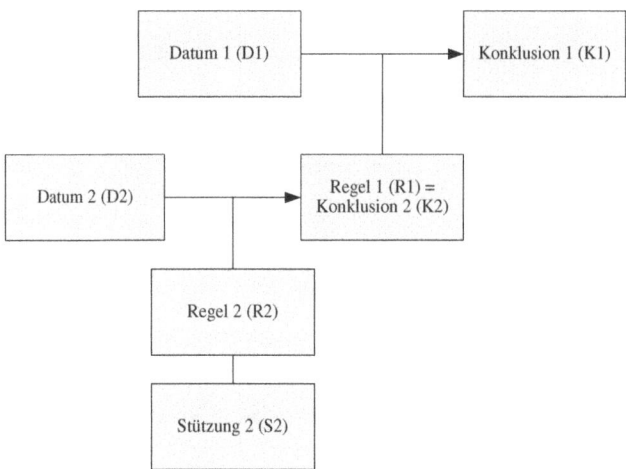

Abb. 3.6 Struktur eines mehrgliedrigen Arguments, bei dem die Regel zur Konklusion wird

angesiedelt sind. Daher wird die Struktur einer Argumentation immer nur im Nachhinein analysiert.

Beim mathematischen Beweisen als Sonderfall des Argumentierens lässt sich die Struktur eines Arguments ebenfalls auf der Basis des Modells von Toulmin (1996) beschreiben, denn auch ein Beweis umfasst die Bestandteile Datum, Konklusion, Regel und Stützung. Knipping (2003) differenziert in ihrer Arbeit zu Argumentationen in Beweisdiskursen die Grundstruktur weiter aus, nämlich in 1) die Quellen-Struktur, 2) die Bassin-Struktur und später zusammen mit Reid (Reid und Knipping 2010) 3) die Spiral-Struktur und 4) die Sammel-Struktur. Damit werden verschiedene mögliche Muster innerhalb der Gesamtstruktur eines Beweisdiskurses beschrieben.

Von einer Quellen-Struktur wird gesprochen, wenn in einem Beweisdiskurs einer Vielzahl von Begründungen nachgegangen wird, wenn verschiedene Argumentationen entwickelt und aufgegriffen werden. Es werden dabei mehrere Begründungen für eine Aussage zugelassen, wodurch sich Parallelargumentationen entwickeln. In der Bassin-Struktur hingegen werden Argumentationsstränge einerseits linear vorwärts entwickelt und andererseits quasi rückwärts auf Aussagen bezogen, die den nächsten Argumentationsstrang strukturieren. Von einer Spiral-Struktur sprechen Reid und Knipping (2010), wenn die Schlussfolgerung die parallelen Argumentationsstränge der Quellen-Struktur wiederholt und die Konklusion immer wieder auf neue Art hergeleitet wird. In der Spiral-Struktur werden parallele, d. h. alternative Argumente für die gleiche Konklusion vorgebracht. In der Sammel-Struktur hingegen werden eher unabhängig voneinander für verschiedene Konklusionen Argumente entwickelt. Diese verschiedenen Argumente können auch ineinandergreifen, haben aber nicht den Charakter von alternativen Argumenten für die gleiche Konklusion. Sie erfassen vielmehr Teilaspekte für die Rechtfertigung einer Konklusion.

Diesen vier Mustern in Beweisdiskursen ist gemeinsam, dass sie davon ausgehen, dass zahlreiche Argumentationsschritte auftreten, bei denen beispielsweise das Datum oder die Regel nicht explizit ausgeführt wird, weshalb die betreffenden Argumente – gemäß dem Modul von Toulmin (1996) – unvollständig sind. Gerade bei schulischem Beweisen und Begründen kann aber nicht davon ausgegangen werden, dass in jedem Fall und von Anfang an ein vollständiges Argument erzeugt wird. Hier bieten die vier Muster von Knipping (2003) und Reid und Knipping (2010) eine Möglichkeit, um die Dynamik von Argumentationsprozessen beschreiben zu können.

3.6   Begründungsarten

Nebst verschiedenen Argumentstrukturen können auch mehrere Begründungsarten unterschieden werden. Dabei geht es weniger um die Struktur als um die Denkrichtung oder die gewählte Vorgehensweise.

3.6.1   Induktion und Deduktion

Die bekanntesten Begründungsarten sind die Induktion und die Deduktion (vgl. auch Abschn. 2.1). Während die Induktion die Bewegung vom Speziellen ausgehend hin zum Allgemeinen beschreibt, zielt die Deduktion auf die umgekehrte Bewegung ab und erfolgt vom Allgemeinen ausgehend hin zum Speziellen.

Deduktives Schließen stellt die „Anwendung allgemeiner Regeln auf besondere Fälle" (Peirce und Walther 1967, S. 128) dar. Für die Mathematik als Disziplin ist diese Form des Schließens besonders bedeutsam, weil Deduktion immer dann erforderlich ist, wenn aus bestehenden mathematischen Sätzen Folgerungen gezogen werden. Sind die Prämissen wahre Aussagen, ist auch die daraus logisch abgeleitete Konklusion eine wahre Aussage. Deshalb gilt deduktives Schließen als wahrheitsübertragend (Philipp 2013), wobei in der Logik üblicherweise der Begriff „wahrheitskonservierend" verwendet wird. Ein Beispiel soll dies veranschaulichen:

Eine gerade Zahl ist durch 2 teilbar.
6 ist eine gerade Zahl.
Also ist 6 durch 2 teilbar.

Die beiden Prämissen sind unbestrittene, wahre mathematische Aussagen. Die daraus gültig abgeleitete Konklusion ist deshalb ebenfalls eine wahre Aussage, d. h. die Wahrheit der Prämissen wurde deduktiv auf die Konklusion übertragen und somit erhalten bzw. konserviert.

Deduktives Begründen wird in der Literatur recht einheitlich beschrieben und basiert auf logisch strukturierten Argumenten (vgl. Abschn. 3.5). Logische Schlüsse können dabei zu neuen Erkenntnissen führen und tragen damit zur Expansion von

Wissen bei. Und nicht zuletzt stellt der Rückgriff auf ein deduktives Verfahren die einzige Möglichkeit dar, etwas mit intersubjektiver oder quasi-objektiver Sicherheit zu begründen.

Induktives Begründen hingegen wird in der Literatur nicht konsistent beschrieben. Als Merkmale des induktiven Begründens formulieren Reid und Knipping (2010, S. 88) deren drei:

1) Der induktive Begründungsprozess führt vom spezifischen Fall über den Schluss zur allgemeinen Regel.
2) Induktives Begründen nutzt das vorhandene Wissen, um etwas bislang Unbekanntes zu begründen.
3) Induktives Begründen ist nur wahrscheinlich, nicht sicher.

Das erste genannte Merkmal beschreibt die induktive Denkbewegung vom Speziellen ausgehend zum Allgemeinen (Dewey 2002) und führt zum zweiten Merkmal. Im Gegensatz zum deduktiven Begründen, das über die Schlussfolgerung neues Wissen generieren kann, entsteht hier kein grundsätzlich neues Wissen. Das dritte Merkmal zeigt sich dann, wenn beispielsweise in einem experimentellen Beweis spezifische Fälle untersucht werden und auf dieser Basis eine mögliche allgemeine Regel formuliert wird, für die aber die Gewissheit fehlt, dass sie immer und notwendigerweise gilt. Reid und Knipping (2010, S. 92) zeigen es am Beispiel eines Zahlenmusters, das die Behauptung aufstellt, dass jede gerade Zahl als Summe von zwei Primzahlen formuliert werden kann. Auch wenn dieses Muster anhand vieler verschiedener Zahlenbeispiele überprüft wird, kann nicht mit Sicherheit gesagt werden, dass es für alle geraden Zahlen gilt, weil nicht alle überprüft werden können. Die Allgemeingültigkeit des Musters kann nur über einen deduktiven Schluss abschließend geklärt werden.

Induktives Schließen besteht im Generieren einer „Regel aus der Beobachtung eines Ergebnisses in einem bestimmten Fall" (Peirce und Walther 1967, S. 128). Im Gegensatz zum deduktiven Schluss ist ein induktiver nicht automatisch wahrheitsübertragend. Auch hierzu sei ein Beispiel angeführt:

6 kann als Summe von zwei Primzahlen formuliert werden (3 + 3).
12 kann als Summe von zwei Primzahlen formuliert werden (5 + 7).
14 kann als Summe von zwei Primzahlen formuliert werden (7 + 7).
6, 12 und 14 sind gerade Zahlen.
Also kann jede gerade Zahl als Summe von zwei Primzahlen formuliert werden.

Auch wenn dieser Schluss wahrscheinlich ist, kann er nicht als sicher bezeichnet werden. Die Konklusion enthält eine Verallgemeinerung, die auf der Basis der geprüften Beispiele nicht haltbar ist. Ob der Schluss allgemeingültig ist und in jedem Fall zu einer wahren Konklusion führt, lässt sich nicht auf dieser Basis bestimmen. Die vollständige Induktion (vgl. Abschn. 2.5.1) als mathematisch etabliertes Verfahren versucht die angestrebte Allgemeingültigkeit mittels einer bestimmten Regel zu gewährleisten. Dies ist dann der

Fall, wenn erstens gezeigt werden kann, dass die Behauptung für einen ersten Fall $n = 1$ gilt („Verankerung") und zweitens, dass aus der Gültigkeit für n die Gültigkeit für $n + 1$ notwendigerweise folgen muss („Induktionsschritt").

Induktives Begründen lässt sich in fünf verschiedenen Typen weiter ausdifferenzieren (Reid und Knipping 2010, S. 94), die allerdings weniger als Typen im Sinne von verschiedenen Ausprägungen ein und derselben Sache verstanden, sondern eher als konkrete Strategien betrachtet werden sollten: 1) Untersuchen von Mustern, 2) Voraussagen treffen, 3) Vermutungen entwickeln, 4) Generalisieren und 5) Testen. Obwohl diese fünf Strategien miteinander in Beziehung stehen, wird gleichwohl erkennbar, dass die Denkbewegung zwar bei all diesen Strategien vom Speziellen ausgehend zum Allgemeinen hin erfolgt, dass es auf dem Weg zur Verallgemeinerung aber unterschiedliche Akzentuierungen bezüglich Zielsetzungen und Vorgehensweisen gibt. Zudem können diese fünf Strategien didaktisch als verschiedene (vorbereitende) Aktivitäten genutzt werden.

Induktion und Deduktion können als zwei Denkrichtungen interpretiert werden, die nicht isoliert zu betrachten sind, sondern erkenntniserweiternd miteinander verbunden werden können. Dewey (2002) beschreibt mit diesen beiden Denkrichtungen wissenschaftliches Denken schlechthin, das seinen Ausgangspunkt in einer „Beunruhigung, einem Staunen, einem Zweifel" findet und durch „Entdecken und Einschalten von neuen Tatsachen und Eigenschaften" (Dewey 2002, S. 63) schließlich zu einer Erkenntnis gelangen will. Dabei stellen die einzelnen Faktoren oder Ereignisse die Prämissen dar, die mittels eines induktiven Schlusses zu einer allgemeinen Konklusion führen. Weil diese Schlussfolgerung jedoch überprüft werden muss, findet eine deduktive Rückkoppelung zum Speziellen oder Einzelfall statt. Die beiden Denkbewegungen ergänzen einander deshalb sinnvoll. Für Dewey (2002) ist diese doppelte Bewegung Voraussetzung für einen vollständigen Denkakt.

Auch beim Beweisen vollzieht sich diese doppelte Denkbewegung: „Durch Kontrolle werden Folgerungen zu Beweisen" (Dewey 2002, S. 25). Gleichzeitig macht Dewey (2002, S. 25f.) auch deutlich, wie wichtig experimentelle Zugänge sind: „Ein Ding beweisen bedeutet in erster Linie, es auszuprobieren, es zu prüfen." In der Experimentierphase und in der induktiven Denkbewegung sieht Dewey (2002, S. 66) primär die Möglichkeit, Ideen zu sammeln, „um das Zustandekommen von erklärenden Ideen und Theorien zu unterstützen". Aber erst durch die deduktive Denkbewegung werden diese Ideen „verarbeitet und zu ihrer vollen Bedeutung entwickelt" (Dewey 2002, S. 72). Die abschließende Prüfung dieser deduzierten Ergebnisse erfolgt dann durch Beobachtung an Einzelfällen.

3.6.2 Abduktion

Als weitere Begründungsart gilt seit Peirce (1976) auch die Abduktion, wenngleich seine Einschätzung, wonach die Abduktion das einzig wirklich erkenntniserweiternde Schlussverfahren sei (vgl. Meyer 2007), kaum von allen geteilt werden dürfte. Das Ziel der Abduktion besteht im Entdecken einer erklärenden Hypothese. Dies kann beispielsweise durch systematisches Untersuchen von Einzelfällen geschehen. Statt wie bei der Induktion aus den geprüften Einzelfällen nun einen verallgemeinernden, möglicherweise plausiblen, aber nicht sicheren Schluss zu ziehen, wird lediglich eine Hypothese entwickelt, die in der Folge weiter getestet wird. Schlüssig begründet werden kann die Allgemeingültigkeit einer gefundenen Vermutung aber nur über ein deduktives Verfahren. Dies macht deutlich, dass Abduktion kaum ohne Rückgriff auf Induktion und Deduktion auskommt. Das Verhältnis dieser drei Schlussformen wird von Peirce (1976) deshalb auch in der von ihm entwickelten Erkenntnislogik als dreistufiges Verfahren gefasst. An erster Stelle steht für Peirce das Finden einer Hypothese, die für einen Sachverhalt einen Erklärungsversuch darstellt, also die Abduktion. In einem zweiten Schritt, den Peirce als Deduktion bezeichnet, werden aus der erklärenden Hypothese Vorhersagen abgeleitet. Im dritten Schritt werden dann die aus der erklärenden Hypothese abgeleiteten Prognosen überprüft. Dazu werden Fakten gesucht, durch die diese Prognosen verifiziert werden können. Diese Phase bezeichnet Peirce als Induktion. Ein vollständiger Denkakt umfasst damit auch bei Peirce (1976) Deduktion und Induktion. Als Ausgangspunkt der Deduktion dient bei ihm jedoch eine erklärende, abduktiv generierte Hypothese und nicht eine bereits als allgemeingültig erwiesene Annahme. Ebenfalls übereinstimmend mit Dewey (2002), der von zwei sich ergänzenden Denkrichtungen ausgeht, versteht Peirce die drei Phasen der Erkenntnislogik und damit die drei Begründungsarten als aufeinander bezogen und als sich gegenseitig bedingend. Allerdings sind diese drei Phasen bei ihm zirkulär angelegt, weil der Prozess so lange wiederholt werden muss, bis tatsächlich Fakten gefunden werden, mit denen sich die Annahmen verifizieren lassen. Deweys (2002) vollständiger Denkakt hingegen kann mit dem Bild von zwei Vertikalbewegungen des Denkens beschrieben werden.

Reid und Knipping (2010) weisen darauf hin, dass gerade im Bereich der Mathematikdidaktik abduktives Begründen an Bedeutung gewinne, obgleich nicht in allen Beiträgen auch tatsächlich der Begriff der Abduktion verwendet werde. Aber gerade in der Bedeutung, die dem Erstellen von Vermutungen zugeschrieben wird – der Autor und die Autorin (2010, S. 108) sprechen von „guessing", „conjecturing" oder „hunches", die allesamt abduktiven Charakter haben –, wird deutlich, dass die Abduktion insbesondere für das schulische Begründen wichtig ist. Die norditalienische Forschungsgruppe um Boero (z. B. Boero et al. 2010) betont, wie wichtig das Generieren von Vermutungen ist. Eine Argumentation besteht aus dieser Sicht im Wesentlichen im Herstellen von logischen Verbindungen, die auf Vermutungen beruhen, welche überprüft werden. Dieses Vorgehen beschreibt die Abduktion, ohne den Begriff dafür explizit zu verwenden.

3.6.3 Weitere Begründungsarten

Nebst Induktion, Deduktion und Abduktion lassen sich noch weitere Begründungsarten ausdifferenzieren, die insbesondere für alltägliches Argumentieren wichtig sind. Fischer und Malle (2004) beispielsweise nennen die Berufung auf eine Autorität, den Analogieschluss und die Wahrscheinlichkeitsaussage als weitere Formen des Begründens.

Die Berufung auf eine Autorität ist eine Strategie, mit der die Korrektheit einer Aussage lediglich dadurch begründet wird, dass eine glaubwürdige Person dafür einsteht oder ein Fachbuch bzw. eine fachliche Referenz die betreffende Aussage bestätigt. Eine inhaltliche Prüfung findet nicht statt, ebenso wenig wird die Aussage bezweifelt. Etwas ist „wahr", weil eine wie auch immer geartete Autorität das sagt. Obwohl diese Begründungsart beim alltäglichen Argumentieren häufig zum Zuge kommt, ist sie in der Mathematik nicht zulässig. Dennoch muss insbesondere im Unterricht berücksichtigt werden, dass Lehrpersonen in ihren Klassen in der Regel genau diese Autorität verkörpern. Fachliche Aussagen werden daher von den Schülerinnen und Schülern kaum je in Zweifel gezogen, weshalb im Mathematikunterricht nur selten strittige Geltungsansprüche entstehen (vgl. Krummheuer und Brandt 2001). Vielmehr müssen deswegen Gelegenheiten geschaffen werden, in denen die Wahrheit von zu begründenden Aussagen von der Lehrperson selbst infrage gestellt bzw. strittig gemacht wird.

Analogieschlüsse und Wahrscheinlichkeitsaussagen spielen insbesondere im Alltag eine wichtige Rolle. Darüber hinaus können Analogieschlüsse aber auch im mathematischen Lernen bedeutsam sein, weil sie auf das Erkennen von analogen Strukturen abzielen und daraus Schlüsse ableiten.

In der Literatur lassen sich im Zusammenhang mit mathematischem Begründen noch weitere Formen finden, die aber meist zu wenig trennscharf von den hier dargestellten abgegrenzt werden können und eine eher untergeordnete Rolle spielen.

3.6.4 Konkretisierung an einem Beispiel

Wie sieht dies nun in der Praxis aus und woran lassen sich diese verschiedenen Begründungsarten erkennen? Am Beispiel der bereits erwähnten Aufgabenstellung (vgl. Abschn. 2.5.6) „Die Summe $13 + 15 + 17 + 19$ ist durch 8 teilbar. Gilt dies für jede Summe von vier aufeinanderfolgenden ungeraden Zahlen?" soll gezeigt werden, woran die verschiedenen Begründungsarten erkannt werden können.

Der zwölfjährige Benjamin aus der 6. Klasse[1] generiert zunächst lauter Beispiele und testet deren Summe hinsichtlich der Teilbarkeit durch 8 (vgl. Abb. 3.7). Dabei geht er sehr systematisch vor. Er beginnt die jeweils nächste Summe mit einem Summanden, der um 2 größer ist als der erste Summand der vorherigen Summe.

Nach etlichen Beispielen wählt Benjamin schließlich die kleinstmögliche Summe und testet auch diese bezüglich ihrer Teilbarkeit durch 8. Auf dieser Basis ist er nun in der Lage, eine Schlussfolgerung zu ziehen, das erkannte Muster zu begründen und es zu verallgemeinern (vgl. Abb. 3.8).

Benjamin hat eine induktive Vorgehensweise gewählt, indem er ausgehend von einem Beispiel durch systematisches Untersuchen vom Speziellen zum Allgemeinen

---

[1] Die Beispiele wurden freundlicherweise von S. Luginbühl zur Verfügung gestellt.

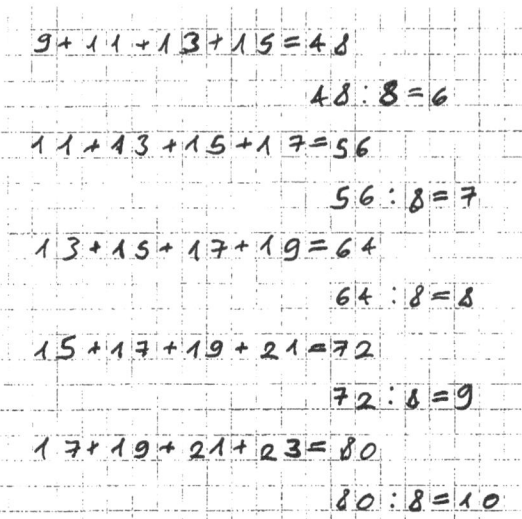

Abb. 3.7 Benjamin, 6. Klasse, generiert Beispiele

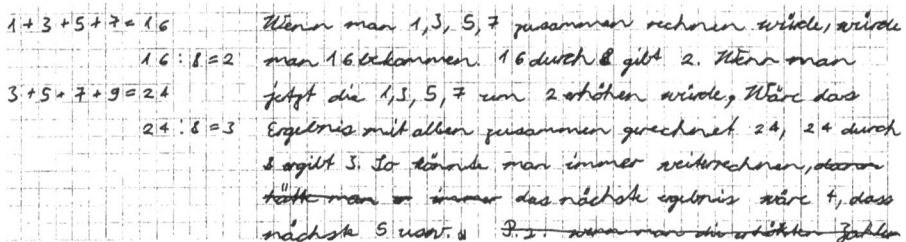

Abb. 3.8 Schlussfolgerungen von Benjamin, 6. Klasse

vorgedrungen ist. Sein systematisches Untersuchen entspricht einem iterativen Vorgehen (vgl. Abschn. 2.5.4), da er zeigt, dass ein Muster, das für die erste Summe gilt, notwendigerweise auch für die nächste Summe gelten muss. Damit hat Benjamin einen inhaltlich-anschaulichen oder operativen Beweis vorgelegt (vgl. Abschn. 2.5.3).

Mara, seine Klassenkollegin, hingegen sucht auf der Grundlage von ein paar getesteten Beispielen nach einer allgemeingültigen Regel (vgl. Abb. 3.9). Mara verallgemeinert „ungerade Zahl", indem sie festhält, dass $2n - 1$ eine ungerade Zahl sei. Diese verallgemeinerte Schreibweise wendet sie nun auf die vier aufeinanderfolgenden Summanden an, die sie als $(2n - 3)$, $(2n - 1)$, $(2n + 1)$, $(2n + 3)$ angibt und an konkreten Zahlen überprüft. Die Summe $8n$ prüft sie bezüglich ihrer Teilbarkeit durch 8, indem sie eine Division vornimmt und $8n : 8 = n$ schreibt. Damit hat sie eine deduktive Begründung gewählt und einen formal-deduktiven Beweis erbracht.

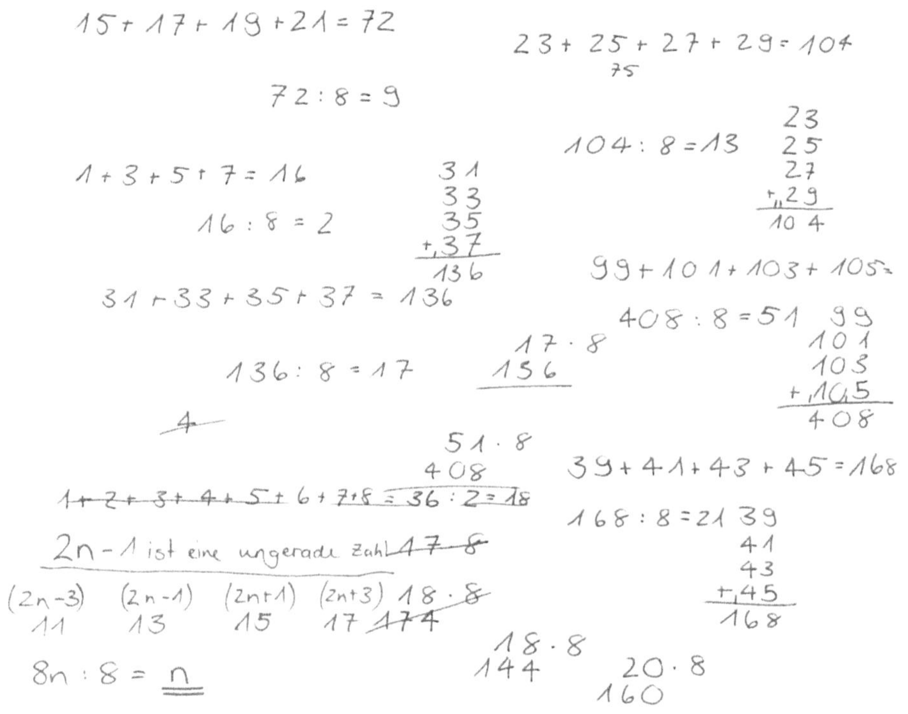

$$15 + 17 + 19 + 21 = 72$$

$$23 + 25 + 27 + 29 = 104$$
$$75$$

$$72 : 8 = 9$$

$$104 : 8 = 13$$
$$\begin{array}{r} 23 \\ 25 \\ 27 \\ +29 \\ \hline 10\ 4 \end{array}$$

$$1 + 3 + 5 + 7 = 16$$

$$16 : 8 = 2$$

$$\begin{array}{r} 31 \\ 33 \\ 35 \\ +37 \\ \hline 136 \end{array}$$

$$31 + 33 + 35 + 37 = 136$$

$$99 + 101 + 103 + 105 =$$

$$136 : 8 = 17$$

$$408 : 8 = 51$$
$$\begin{array}{r} 99 \\ 101 \\ 103 \\ +105 \\ \hline 408 \end{array}$$

$$17 \cdot 8$$
$$156$$

$$4$$

$$51 \cdot 8$$
$$408$$

$$39 + 41 + 43 + 45 = 168$$

$$1 + 2 + 3 + 4 + 5 + 6 + 7 \cdot 8 = 36 : 2 = 18$$

$$168 : 8 = 21$$
$$\begin{array}{r} 39 \\ 41 \\ 43 \\ +45 \\ \hline 168 \end{array}$$

$2n - 1$ ist eine ungerade Zahl $47 \cdot 8$

$$(2n-3) \quad (2n-1) \quad (2n+1) \quad (2n+3) \quad 18 \cdot 8$$
$$11 \qquad 13 \qquad 15 \qquad 17 \quad 174$$

$$8n : 8 = \underline{\underline{n}}$$

$$18 \cdot 8$$
$$144$$

$$20 \cdot 8$$
$$160$$

Abb. 3.9 Überlegungen von Mara, 6. Klasse

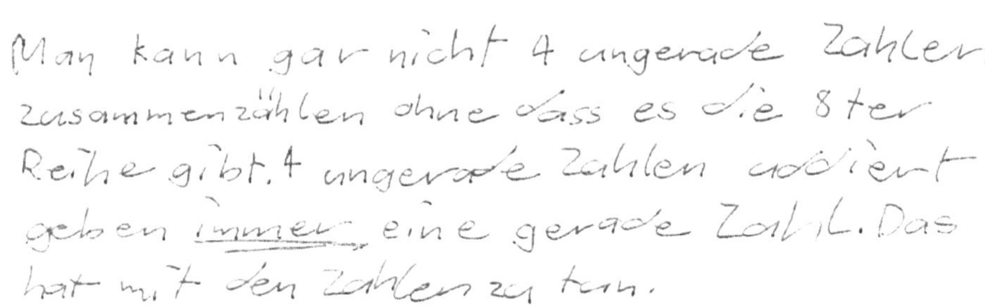

Man kann gar nicht 4 ungerade Zahlen zusammenzählen ohne dass es die 8ter Reihe gibt. 4 ungerade Zahlen addiert geben _immer_ eine gerade Zahl. L. Das hat mit den Zahlen zu tun.

Abb. 3.10 Latente Beweisidee von Alex, 6. Klasse

Ein abduktives Vorgehen findet man demgegenüber bei Alex (vgl. Abb. 3.10). Er arbeitet mit einer „latenten Beweisidee" (vgl. Abschn. 3.6.2), indem er davon ausgeht, dass die Anzahl der Summanden eine entscheidende Rolle für das Muster spiele. Alex geht davon aus, dass die Summe von zwei ungeraden Zahlen immer eine gerade Zahl ergibt. Auf dieser Basis schließt er, dass die Summe von zwei Teilsummen von je zwei ungeraden Zahlen ebenfalls gerade sein müsse und dass bei Summen von vier (aufeinanderfolgenden) ungeraden Zahlen immer eine Achterstruktur erzeugt werde. In dieser Überlegung implizit

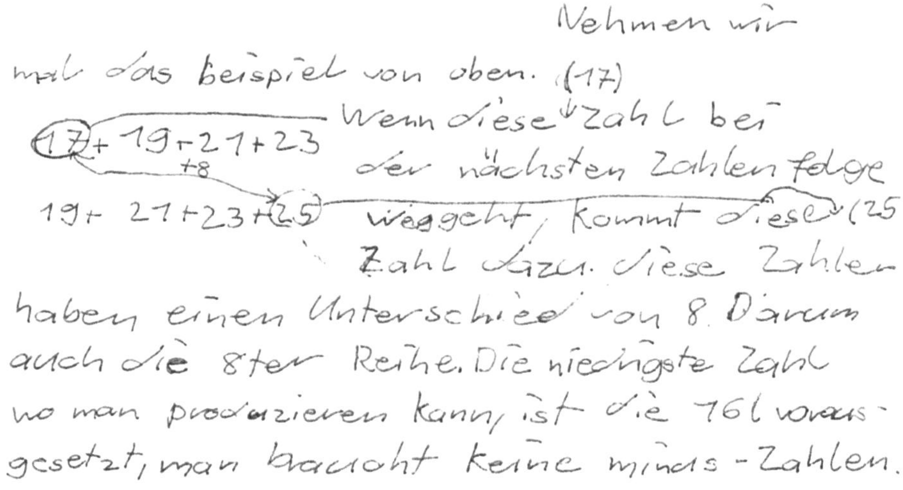

Nehmen wir mal das beispiel von oben. (17)
17+19+21+23
+8
19+21+23+25
Wenn diese Zahl bei der nächsten Zahlenfolge weggeht, kommt diese (25 Zahl dazu. Diese Zahlen haben einen Unterschied von 8. Darum auch die 8ter Reihe. Die niedrigste Zahl wo man produzieren kann, ist die 76 vorausgesetzt, man braucht keine minus-Zahlen.

Abb. 3.11 Schlussfolgerung von Alex, 6. Klasse

(2n-1) = ungerade Zahl
(2n-3) (2n-1) (2n+1) (2n+3)
11 13 15 17
8n:8
n

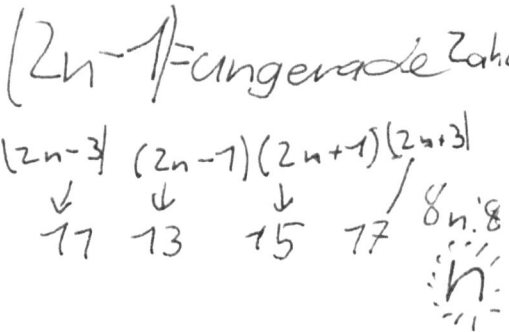

Abb. 3.12 Formal-deduktiver Beweis von Alex, 6. Klasse

enthalten ist, dass er eine ungerade Zahl als Vielfaches von 2 ± 1 versteht. Diesen Gedanken konkretisiert er anschließend an einem Beispiel und entwickelt daraus einen inhaltlich-anschaulichen oder operativen Beweis (vgl. Abb. 3.11). Dieses abduktive Vorgehen, mit dem er einen operativen Beweis entwickelt, überführt er schließlich in einen formal-deduktiven Beweis (vgl. Abb. 3.12), so wie Mara dies getan hat.

3.7 Zusammenfassung

In diesem Kapitel wurde vorgeschlagen, „Begründen" als Oberbegriff für Formen des Argumentierens und Beweisens zu verwenden (vgl. Duval 1991). Beweisen kann demnach als eine spezifische Art des Begründens verstanden werden und stellt damit

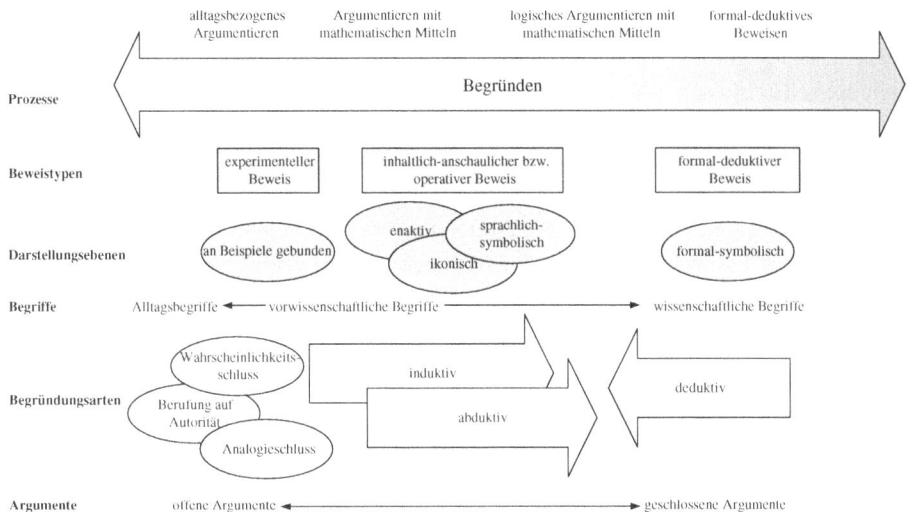

Abb. 3.13 Modell zum Verhältnis zwischen Argumentieren, Begründen und Beweisen (vgl. Brunner 2013, S. 110; hier erweitert)

gewissermaßen das Gegenstück zum alltagsnahen Argumentieren dar, bei dem verschiedene Begründungsarten zulässig sind, die beim Beweisen nicht eingesetzt werden können. Alltagsnahes Argumentieren und Beweisen sind aber nicht als isoliert für sich stehende, grundsätzlich verschiedene Begründungsarten zu betrachten, sondern sie sind in einem Kontinuum des Begründens miteinander verbunden. Innerhalb dieses Kontinuums erfolgt das Begründen in Abhängigkeit von der konkreten Situation als alltagsnahes Argumentieren, als Argumentieren mit mathematischen Mitteln, als logisches Argumentieren mit mathematischen Mitteln oder als formal-deduktives Beweisen (vgl. Abb. 3.13).

Die drei Beweistypen von Wittmann und Müller (1988) lassen sich auf diesem Kontinuum der Begründungsarten anhand ihres Grades an formaler Strenge ebenfalls ansiedeln. Ein experimenteller Beweis, der mit Beispielen arbeitet und stets darauf bezogen bleibt, kann zwischen alltagsbezogenem Argumentieren und Argumentieren mit mathematischen Mitteln angesiedelt werden, weil er weder streng logisch erfolgt, noch formal formuliert wird. Dabei sind – wie im Alltag – Verfahren zugelassen, die in der Disziplin Mathematik nicht akzeptiert werden, beispielsweise der Wahrscheinlichkeitsschluss. Wenn man 100 Beispiele von Summen von vier aufeinanderfolgenden ungeraden Zahlen bezüglich ihrer Teilbarkeit durch 8 geprüft und festgestellt hat, dass die Teilbarkeit in allen geprüften 100 Beispielen gegeben ist, wird man vermuten, dass auch weitere solche Summen durch 8 teilbar sein werden, obgleich man sich dessen nicht sicher sein kann. Diese fehlende Gewissheit wird auch deutlich am Beispiel der berühmten Goldbach'schen Vermutung, die besagt, dass jede gerade Zahl grösser als 2 als Summe von zwei Primzahlen geschrieben werden kann. Die Gültigkeit der

Goldbach'schen Vermutung ist zwar für Unmengen von Zahlen belegt, aber eben nicht für alle. Deshalb gilt die Aussage bis heute als unbewiesen. Doch auch wenn ein Wahrscheinlichkeitsschluss vorliegt, werden mathematische Mittel wie z. B. die Division zur Prüfung der Teilbarkeit einbezogen. Operatives Beweisen ist ebenfalls eine spezifische Form des Begründens, die im Bereich des Argumentierens mit mathematischen Mitteln und des logischen Argumentierens mit mathematischen Mitteln verortet werden kann, weil beim operativen Beweisen der dahinterstehende mathematische Zusammenhang verstanden und gezeigt wird. Formal-deduktives Beweisen hingegen gehört aufgrund seines hohen Grades an Strenge und Formalisierung an den äußersten Rand dieses Kontinuums.

In diesen drei Beweistypen wird auch das Denken unterschiedlich repräsentiert. Repräsentationen des Denkens können auf enaktiver, ikonischer oder symbolischer Ebene erfolgen (vgl. Bruner 1974), wobei die symbolische Ebene in die sprachlich-symbolische und die formal-symbolische unterteilt werden kann (vgl. Zech 2002). Experimentelle Beweise werden an konkreten Beispielen vollzogen und damit enaktiv auf einer konkreten Handlungsebene, repräsentiert. Inhaltlich-anschauliche oder operative Beweise hingegen repräsentieren den Denkprozess auf ikonischer und/oder sprachlich-symbolischer Ebene oder in einer Handlung und damit ebenfalls auf enaktiver Ebene. Formal-deduktive Beweise bedienen sich für die Repräsentation des Denkens ausschließlich der formal-symbolischen Ebene.

Darüber hinaus greifen diese drei Beweistypen und mit ihnen die unterschiedlich akzentuierten Formen des Begründens innerhalb des Begründungsspektrums auch auf je andere Begrifflichkeiten zurück. Während bei formal-deduktiven Beweisen aufgrund von hoher Abstraktion und Formalisierung wissenschaftliche Begriffe (vgl. Vygotsky 1969; vgl. Abschn. 4.4.3), beispielsweise aus der algebraischen Sprache, notwendig sind, vollzieht sich alltagsnahes Argumentieren in der Alltagssprache. Mit zunehmender Verwendung von mathematischen Mitteln im Begründungsprozess reichen die Möglichkeiten der Alltagssprache jedoch nicht mehr aus. Es werden vorwissenschaftliche und mit der Zeit auch wissenschaftliche Begriffe verwendet. Inhaltlich-anschauliches Beweisen basiert zwar noch auf einer alltagsnahe Sprache, bezieht aber im Gegensatz zu experimentellen Beweisen auch schlussfolgernde Argumente ein. Daher handelt es sich dabei nicht mehr um bloß alltägliches Argumentieren, sondern um logisch-mathematisches, weil es darum geht, einen Geltungsanspruch innerhalb der Mathematik zu begründen. Die schlussfolgernden Argumente müssen sich auf diese Domäne beziehen und erfordern deshalb vorwissenschaftliche (oder wissenschaftliche) Begriffe.

Schließlich finden auch die vorgestellten Begründungsarten in diesem Modell ihren Platz. Die im Alltag zugelassenen Formen lassen sich dabei von induktiven, abduktiven und deduktiven Vorgehensweisen abgrenzen, was wiederum mit der Unterscheidung Jahnkes (2008) zwischen offenen und geschlossenen Argumenten (vgl. Abschn. 2.2.4) korrespondiert. Erstere sind beim alltagsbezogenen Argumentieren zulässig, Letztere finden ihren Einsatz beim Beweisen in der Mathematik.

Literatur

Baker, M. (2003). Computer-mediated interactions for the co-elaboration of scientific notions. In J. Andriessen, M. Baker, & D. Suthers (Hrsg.), *Arguing to learn: Confronting cognitions in computer supoorted collaborative learning environments* (S. 47–78). Dodrecht: Kluwer Academic Publishers.

Balacheff, N. (1991). Benefits and limits of social interaction: The case of teaching mathematical proof. In A. Bishop, S. Mellin-Olsen, & J. Van Dormolen (Hrsg.), *Mathematical knowledge: Its growth through teaching* (S. 175–192). Dodrecht: Kluwer Academic Publishers.

Bayer, K. (2007). *Argument und Argumentation. Logische Grundlagen der Argumentationsanalyse.* Göttingen: Vandenhoeck & Ruprecht.

Blum, W., Drüke-Noe, C., Hartung, R., & Köller, O. (Hrsg.). (2006). *Bildungsstandards Mathematik: konkret. Sekundarstufe I: Aufgabenbeispiele, Unterrichtsanregungen, Fortbildungsideen.* Berlin: Cornelsen.

Blum, W., Neubrand, M., Ehmke, T., Senkbeil, M., Jordan, A., & Ulfig, F. (2004). Mathematische Kompetenz. In C. H. Carstensen, M. Prenzel, J. Baumert, W. Blum, R. Lehmann, D. Leutner, M. Neubrand, R. Pekrun, H.-G. Rolff, J. Rost, & U. Schiefele (Hrsg.), *PISA 2003. Der Bildungsstandard der Jugendlichen in Deutschland – Ergebnisse des zweiten internationalen Vergleichs* (S. 47–92). Münster: Waxmann.

Boero, P., Douek, N., Morselli, F., & Pedemonte, B. (2010). Argumentation and proof: A contribution to theoretical perspectives and their classroom implementation. In M. M. F. Pinto & T. F. Kawasaki (Hrsg.), *Proceeding of the 34th Conference of the International Group for the Psychology of Mathematics Education* (Bd. 1, S. 179–204). Belo Horizonte: PME.

Bruner, J. (1974). *Entwurf einer Unterrichtstheorie.* Berlin: Cornelsen.

Brunner, E. (2013). *Innermathematisches Beweisen und Argumentieren in der Sekundarstufe I.* Münster: Waxmann.

Common Core State Standards Initiative. (2012). *Mathematics standards.* http://www.corestandards.org/Math. Zugegriffen: 20. Okt. 2013.

Deutschschweizer Erziehungsdirektorenkonferenz (D-EDK). (2013). *Lehrplan 21. Mathematik.* http://konsultation.lehrplan.ch/index.php?nav=150&code=b|5|0&la=yes. Zugegriffen: 20. Sept. 2013.

Dewey, J. (2002). *Wie wir denken.* Zürich: Pestalozzianum.

Duncker, K. (1935). *Zur Psychologie des produktiven Denkens.* Berlin: Springer.

Duval, R. (1991). Structure du raisonnement déductive et apprentissage de la démonstration. *Educational Studies in Mathematics, 22*(3), 233–261.

Eemeren, F. H. van, Grootendorst, R., Henkenmans, F. S., Blair, J. A., Johnson, R. H., Krabb, E. C., et al. (1996). *Fundamentals of argumentation theory: A handbook of historical background and contemporary developments.* Hillsdale, NJ: Lawrence Erlbaum.

Erziehungsdirektorenkonferenz (EDK). (2011). *Grundkompetenzen für die Mathematik. Nationale Bildungsstandards. Frei gegeben von der EDK Plenarversammlung am 16. Juni 2011.* Bern: EDK.

Fetzer, M. (2011). Wie argumentieren Grundschulkinder im Mathematikunterricht? Eine argumentationstheoretische Perspektive. *JMD, 32*, 27–51.

Fischer, H., & Malle, G. (2004). *Mensch und Mathematik. Eine Einführung in didaktisches Denken und Handeln* (Nachdruck). Wien: Profil.

Frey, A., Asseburg, R., Carstensen, C. H., Ehmke, T., & Blum, W. (2007). Mathematische Kompetenz. In PISA-Konsortium Deutschland (Hrsg.), *PISA '06. Die Ergebnisse der dritten internationalen Vergleichsstudie* (S. 249–276). Münster: Waxmann.

Habermas, J. (1999). *Theorie des kommunikativen Handelns.* Frankfurt a.M: Suhrkamp.

Jahnke, H. N. (2008). Theorems that admit exceptions, including a remark on Toulmin. *ZDM Mathematics Education, 40*, 363–371.

Knipping, C. (2003). *Beweisprozesse in der Unterrichtspraxis. Vergleichende Analysen von Mathematikunterricht in Deutschland und Frankreich.* Hildesheim: Franzbecker.

Krummheuer, G. (1997). *Narrativität und Lernen. Mikrosoziologische Studien zur sozialen Konstitution schulischen Lernens.* Weinheim: Deutscher Studien Verlag.

Krummheuer, G., & Brandt, B. (2001). *Paraphrase und Traduktion. Partizipationstheoretische Elemente einer Interaktionstheorie des Mathematiklernens in der Grundschule.* Weinheim: Beltz.

Kultursministerkonferenz (KMK). (2003). *Bildungsstandards im Fach Mathematik für den Mittleren Schulabschluss. Beschluss vom 4, Dezember 2003.* München: Luchterhand.

Kultusministerkonferenz (KMK). (2005). *Bildungsstandards der Kultursministerkonferenz. Erläuterungen zur Konzeption und Entwicklung.* München: Luchterhand.

Meyer, M. (2007). *Entdecken und Begründen im Mathematikunterricht: von der Abduktion zum Argument.* Hildesheim: Franzbecker.

Mullis, I. V. S., Martin, M. O., Ruddock, G. J., O'Sullivan, C. Y., & Preuschoff, C. (2009). *TIMSS 2011. Assessment frameworks.* Amsterdam: International Association for the Evaluation of Educational Achievement (IEA).

National Council of Teachers of Mathematics (NCTM) (Hrsg.). (2000). *Principles and standards for school mathematics.* Reston: NCTM.

OECD (2003). *The PISA Assessment Framework: Mathematics, reading, science and problem solving knowledge and skills.* Paris: OECD.

OECD (2004). *Lernen für die Welt von morgen. Erste Ergebnisse von PISA 2003.* Paris: OECD.

OECD (2006). *Assessing scientific, reading and mathematical literacy: A framework for PISA 2006.* Paris: OECD.

Pedemonte, B. (2007). How can the relationship between argumentation and proof be analysed? *Educational Studies in Mathematics, 66* (1), 23–41.

Peirce, C. S. (1976). *Schriften zum Pragmatismus und Pragmatizismus.* Frankfurt a.M: Suhrkamp.

Peirce, C. S., & Walther, E. (1967). *Die Festigung der Überzeugung und andere Schriften.* Baden-Baden: Agis-Verlag.

Philipp, K. (2013). *Experimentelles denken: Theoretische und empirische Konkretisierung einer mathematischen Kompetenz.* Wiesbaden: Springer Spektrum.

Reid, D. A., & Knipping, C. (2010). *Proof in mathematics education. Reserach, learning and teaching.* Rotterdam: Sense Publisher.

Reiss, K. (2002). *Argumentieren, Begründen, Beweisen im Mathematikunterricht. Projektserver SINUS.* Bayreuth:Universität.

Reiss, K., & Ufer, S. (2009). Was macht mathematisches Arbeiten aus? Empirische Ergegbnisse zum Argumentieren. *Begründen und Beweisen. Jahresbericht JB DMV, 111*(4), 155–177.

Rigotti, E., & Greco Morasso, S. (2009). Argumentation as an Object of Interest and as a Social and Cultural Resource. In N. Muller Mirza & A.-N. Perret-Clermont (Hrsg.), *Argumentation and Education* (S. 9–66). New York: Springer.

Salmon, W. C. (1983). *Logik.* Stuttgart: Reclam.

Sälzer, C., Reiss, K., Schiepe-Tiska, A., & Prenzel, M. (2013). Zwischen Grundlagenwissen und Anwendungsbezug: Mathematische Kompetenz im internationalen Vergleich. In M. Prenzel, C. Sälzer, E. Klieme, & O. Köller (Hrsg.), *PISA 2012: Fortschritte und Herausforderungen in Deutschland.* Waxmann: Münster.

Schoenfeld, A. (1985). *Mathematical problem solving.* New York: Academic Press.

Schwarz, B. B., Hershkowitz, R., & Prusak, N. (2010). Argumentation and mathematics. In K. Littleton & C. Howe (Hrsg.), *Educational dialogues: Understanding and promoting productive interaction* (S. 115–141). Oxon: Routledge.

Schwarzkopf, R. (2000). *Argumentationsprozesse im Mathematikunterricht. Theoretische Grundlagen und Fallstudien.* Hildesheim: Franzbecker.

Toulmin, S. E. (1996). *Der Gebrauch von Argumenten* (2. Aufl.). Weinheim: Beltz.

Vygotsky, L. S. (1969). *Denken und Sprechen*. Frankfurt a.M.: Fischer.

Winter, H. (1983). Zur Problematik des Beweisbedürfnisses. *JMD*, *41*(1), 59–95.

Wittmann, E. C. & Müller, N. G. (1988). Wann ist ein Beweis ein Beweis? In P. Bender (Hrsg.), *Mathematikdidaktik – Theorie und Praxis. Festschrift für Heinrich Winter* (S. 237–258). Berlin: Cornelsen.

Zech, F. (2002). *Grundkurs Mathematikdidaktik: Theoretische und praktische Anleitungen für das Lehren und Lernen von Mathematik*. Weinheim: Beltz.

Begründen und Beweisen – vielschichtige kognitive Prozesse

4

Wie vollzieht sich nun Beweisen aus kognitionspsychologischer Sicht? Welche Prozesse spielen sich dabei ab? Anhand eines kognitionspsychologischen Prozessmodells des schulischen Beweisens (Brunner 2013) sollen diese Fragen nun erörtert werden. Bevor auf dieses Modell fokussiert wird, erfolgt eine Klärung des Rahmens, innerhalb dessen sich Beweisen abspielt. Beweisen wird sodann bezüglich seiner Ausgangslange und seiner Zielsetzung beschrieben, bevor einzelne psychologische Prozesse beschrieben werden. Diese münden in das besagte Prozessmodell des schulischen Beweisens, das vorgestellt wird.

4.1 Sozialer Rahmen des Diskurses

Wie bereits erwähnt (vgl. Abschn. 3.1), vollziehen sich Argumentieren, Begründen und Beweisen innerhalb eines sozialen Rahmens im Diskurs. Beweisen ist somit ein kommunikativer Akt, der darauf abzielt, durch logisches Schließen zu zeigen, dass und warum etwas notwendigerweise immer gelten muss. Es geht dabei aber weniger – wie dies die Definition von van Eemeren et al. (1996; van Eemeren und Grootendorst 2004) impliziert (vgl. Abschn. 3.1) – um das Entscheiden strittiger Standpunkte, sondern um das Begründen und Beweisen von Zusammenhängen. Dieses Begründen kann unterschiedlich erfolgen, sowohl bezüglich formaler Aspekte als auch bezüglich der Repräsentation mentaler Prozesse und der Art des Begründens.

Im Zentrum dieses sozialen Prozesses steht die Prüfung vorgebrachter Argumente. Dabei werden sowohl der Gültigkeits- wie auch der Wahrheitsanspruch (vgl. Abschn. 2.2.3) validiert. Eine Validierung kann durch Verifikation oder durch Falsifikation erfolgen. Falsifikation stellt gemäß dem kritischen Rationalismus (vgl. Popper 1966) das zentrale Kriterium für Wissenschaftlichkeit dar, der Verifikation kommt aus dieser Sichtweise hingegen keine entscheidende Bedeutung zu. Es geht aber bei der Verifikation wie auch bei der Falsifikation um die Überprüfung einer Aussage. Im Falle der Verifikation wird die vorgebrachte Hypothese bestätigt, bei der Falsifikation hingegen wird sie widerlegt. Dieser

E. Brunner, *Mathematisches Argumentieren, Begründen und Beweisen*, Mathematik im Fokus, DOI: 10.1007/978-3-642-41864-8_4, © Springer-Verlag Berlin Heidelberg 2014

Prozess erfolgt in der fachlichen Gemeinschaft, die die Rolle der externen Prüfinstanz übernimmt. Für Knipping (2003, S. 29) sind Beweise deshalb „Begründungen mathematischer Inhalte, die an eine existierende wissenschaftliche Gemeinde adressiert sind und von dieser aufgenommen oder zurückgewiesen werden". Ob eine mathematische Begründung als korrekt betrachtet wird oder nicht, wird durch einen Aushandlungsprozess in der Community auf der Grundlage von mathematischen Gesetzmäßigkeiten und Inhalten bestimmt. Mathematische Begründungen und Beweise werden also nur dann akzeptiert, wenn sie öffentlich anerkannt und damit zum öffentlichen Wissen werden (vgl. Herbst 1998). Deshalb spricht Knipping (2003, S. 30) auch von einer „öffentlichen Validierung", welche die Bedingung darstellt, damit eine mathematische Begründung als Beweis gilt.

Die Notwendigkeit der Validierung eines Beweises im sozialen Kontext wird auch von Herbst (1998) betont, der im Hinblick auf den Unterricht insbesondere darauf verweist, dass die Kriterien, die einen Beweis ausmachen, darauf bezogen definiert werden müssen. Es muss also geklärt werden, was im jeweiligen Unterricht als Beweis *gilt*. Das bedeutet aber nicht, dass fachliche Korrektheit verhandelbar wäre. Mathematisches Begründen und Beweisen erfolgen innerhalb eines diskursiven sozialen Kontextes, der im Zusammenhang mit dem schulischen Beweisen zudem ein didaktischer ist.

Logische Schlüsse können in Einzelarbeit gezogen werden. Sie erfordern danach aber eine öffentliche Validierung durch die fachliche Lerngemeinschaft. In diesem Prozess hat die Lehrperson eine wichtige moderierende und fachliche Funktion, weil die öffentliche Validierungsphase insbesondere bezüglich fachlicher Korrektheit durch die Lehrperson unterstützt werden muss.

Aber nicht nur die externe Validierung eines Schlusses oder einer Beweiskette gehört zu den Aufgaben der fachlichen Gemeinschaft. Es geht gerade beim Begründen und Beweisen auch um Enkulturation und Partizipation, oder in den Worten Schoenfelds (1992, S. 344):

> Membership in a community of mathematical practice is part of what constitutes mathematical thinking and knowing …. That is ‚having a mathematical point of view‘ and ‚being a member of the mathematical community‘ are central aspects of having mathematical knowledge.

Mathematisches Begründen und Beweisen sind deshalb Prozesse, die auch Kompetenzen in den Bereichen Formulieren und Kommunizieren verlangen, die in aktuellen Kompetenzmodellen und Bildungsstandards (vgl. EDK 2011; KMK 2005; Common Core State Standards Initiative 2012) ebenfalls – wenn auch unterschiedlich – ausgewiesen werden und in einem späteren Kapitel beleuchtet werden (vgl. Abschn. 4.4.2).

4.2   Ausgangslage und Zielsetzung des Prozesses

4.2.1   Fehlende Gewissheit als Ausgangslage

Die Ausgangslage beim Beweisen bildet die fehlende Gewissheit darüber, ob eine Vermutung oder eine Behauptung auch tatsächlich zutrifft oder nicht. Diese Zweifel erzeugen das Bedürfnis, Gewissheit zu erlangen. Und eine solche kann nur durch das

Verstehen einer Struktur erreicht werden. Der Zweifel und die fehlende Gewissheit in Bezug auf einen bestimmten Sachverhalt stellen einen kognitiven Konflikt (vgl. Piaget 1947, 2000) dar, der durch Lernen aufgelöst werden kann. Beim Begründen und Beweisen wird dieser kognitive Konflikt auch durch die „Warum-Frage" angezeigt, auf die zu Beginn des Prozesses keine Antwort vorliegt und die den Anfang eines Erkenntnisinteresses markiert. Auch bei Wertheimer (1964, S. 190) steht an erster Stelle des Problemlösens jeweils das „Verlangen, aufzuklären, herauszufinden", das ebenfalls die fehlende Gewissheit und den daraus entstehenden kognitiven Konflikt beschreibt.

In der Literatur lassen sich verschiedene Typen kognitiver Konflikte finden. Reusser (1984, S. 131f.) beschreibt mit Rückgriff auf Berlyne (1974) deren sechs: 1) den Zweifel, 2) die Perplexität, 3) den logischen Widerspruch, 4) die gedankliche Inkongruenz, 5) die Verwirrung und schließlich, 6) die Irrelevanz. Beim Begründen und Beweisen können all diese verschiedenen Konflikte als Ausganglage vorliegen: 1) Ein Sachverhalt, der strittig ist, wird bezweifelt. 2) Ein Verhalten oder eine Struktur erstaunt. 3) Ein neuer Sachverhalt steht zumindest zunächst in einem (scheinbaren) Widerspruch zum bereits erworbenen Wissen. 4) Eine gedankliche Inkongruenz irritiert oder führt zum Widerspruch im sozialen Kontext. 5) Ein bisher nicht bekannter Zusammenhang erzeugt Verwirrung. 6) Ein Problem irritiert durch Irrelevanzen. Gemeinsam ist diesen verschiedenen kognitiven Konflikten die fehlende Gewissheit.

Solche kognitiven Konflikte stellen Probleme im klassischen Sinne dar (Duncker 1935), wonach ein unerwünschter Anfangszustand in einen erwünschten Zielzustand überführt werden soll, obwohl klare Vorgehensweisen dafür fehlen und ein „vermittelndes Handeln allererst zu konzipieren" (Duncker 1935, S. 1) ist. Diese Beschreibung gilt auch für das Begründen und Beweisen: Die fehlende Gewissheit über einen Sachverhalt oder eine Behauptung stellt einen unerwünschten Anfangszustand dar. Der erwünschte Zielzustand beschreibt die erlangte Gewissheit. Es fehlen Algorithmen, mit denen die Lücke zwischen unerwünschtem Anfangszustand und erwünschtem Zielzustand geschlossen werden kann. Begründen und Beweisen sind also eine spezifische Art des Problemlösens (vgl. auch Abschn. 3.2), da eine Verbindung zwischen Anfangs- und Zielzustand durch Schließen hergestellt werden muss. Beim formal-deduktiven Beweisen handelt es sich zwingend um formal-logische Schlüsse, beim Begründen sind verschiedene Schlussformen zulässig.

4.2.2 Zielsetzung des Beweisens

Ziel des Beweisens besteht also im Erlangen von Gewissheit bezüglich der Gültigkeit eines Schlusses. Beweise verlangen somit nach „Operationen der Vergewisserung" (Reusser 1984, S. 211). Sie setzen Vermutungen und/oder Behauptungen voraus und fragen danach, ob diese notwendigerweise gelten oder nicht. Gewissheit kann aber nur erreicht werden, wenn mittels logischen Schließens der unerwünschte Anfangszustand mit dem erwünschten Zielzustand verbunden werden kann.

Logisches Schließen erfolgt auf der Basis bestimmter Schlussregeln (vgl. Abschn. 3.5), die lediglich syntaktischen, jedoch keinen inhaltlichen Charakter aufweisen (vgl.

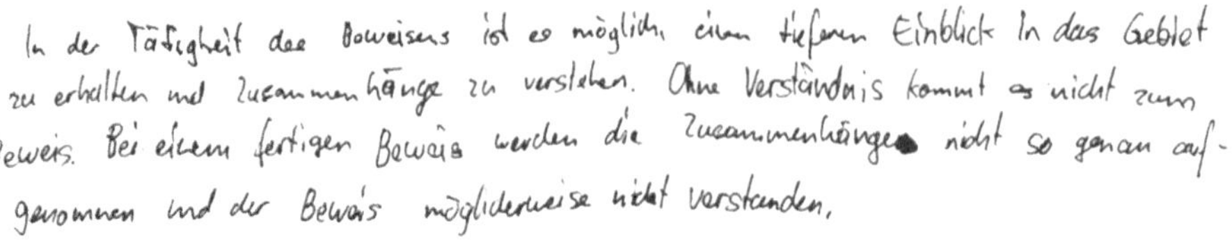

In der Tätigkeit des Beweisens ist es möglich, einen tieferen Einblick in das Gebiet zu erhalten und Zusammenhänge zu verstehen. Ohne Verständnis kommt es nicht zum Beweis. Bei einem fertigen Beweis werden die Zusammenhänge nicht so genau aufgenommen und der Beweis möglicherweise nicht verstanden.

Abb. 4.1 Aussage eines Schülers (11. Schuljahr) zur Bedeutung von Beweisen (Brunner 2013, S. 17)

Abschn. 2.2.3). Die Wahrheit einer Aussage hingegen kann zwar nur auf der semantischen Ebene beurteilt werden, setzt aber auch Einsicht in die mathematische Struktur voraus. Demnach bedeutet Beweisen immer auch, Verstehensarbeit zu leisten. Dies wird in der Aussage eines Schülers deutlich, der die Bedeutung von Verstehen beim Beweisen im Sinne von Einsicht in das Gebiet bzw. in die Zusammenhänge hervorhebt (vgl. Abb. 4.1).

Es geht also darum, ausgehend von fehlender Gewissheit innermathematische Zusammenhänge zu verstehen, indem ein logischer Schluss nachvollzogen bzw. durchgeführt wird. Wertheimer (1964, S. 190) beschreibt diesen zentralen inhaltlichen Schritt als das Erkennen der vorhandenen Struktur, die einen Teil eines größeren Zusammenhangs bildet. Danach folgt die Suche nach dem komplementären Teil oder dem symmetrischen Gegenstück, das notwendig ist, um die Teile eines Zusammenhangs in einem Ganzen zu sehen. Dieser Prozess verlangt nach einer Umstrukturierung des bisherigen Wissens. Wenn diese gelingt, bekommt alles „seine neue Bedeutung kraft seiner Rolle und Funktion in der neuen Struktur" (Wertheimer 1964, S. 193). Die Zusammenhänge der Struktur sind verstanden und das Problem ist gelöst. Notwendig beim Beweisen – im Gegensatz zum Problemlösen allgemein – ist, dass diese Zusammenhänge auf der Basis von logischen Schlüssen (vgl. Abschn. 3.5) dargelegt und dadurch stichhaltig begründet werden können.

Ein Problem verstehen zu können, bedeutet aber auch, eine geeignete Repräsentation – auf enaktiver, ikonischer, sprachlich-symbolischer oder formal-symbolischer Ebene (vgl. Abschn. 2.5.5) – dafür zu finden. Das Verstehen von Beweisen umfasst demnach auch stets die Suche nach einer geeigneten Repräsentationsform der vorhandenen Strukturen. Je nach Beweistyp (vgl. Abschn. 2.5.3) wird die Struktur in einem dafür geeigneten Medium repräsentiert. Beim formal-deduktiven Beweis wird auf die formal-symbolische Repräsentation zurückgegriffen, beim operativen Beweis auf die enaktive, ikonische oder sprachlich-symbolische Ebene. Der experimentelle Beweis wird hingegen nur auf der Grundlage von Beispielen vollzogen und erfährt damit keine weitere Abstraktion, die repräsentiert werden könnte.

Eine wichtige Rolle beim Beweisen spielen Vermutungen. Boero et al. (1996) legen sogar nahe, dass man beim Generieren von Vermutungen und Begründungen nur das Engagement aufseiten der Lernenden wecken müsse, damit diese in der Lage seien, Beweise zu verstehen. Danach laufe der Verstehensprozess sozusagen automatisch ab. Diese Sichtweise mutet zwar etwas einfach an, macht aber deutlich, wie wichtig das

Generieren von Vermutungen ist. Damit Vermutungen entwickelt werden können, muss im Sinne Wertheimers (1964) die vorliegende Struktur aber zunächst als Teil eines Zusammenhangs begriffen werden können, den es zu erschließen gilt.

4.2.3   Schließen: Die Verbindung zwischen Ausgangslage und Zielsetzung

Die Verbindung zwischen unerwünschter Ausgangslage und erwünschtem Zielzustand wird durch den Prozess des logischen Schließens, d. h. unter Anwendung bestimmter Schlussregeln unabhängig vom Inhalt einer Aussage (vgl. Oerter und Dreher 2002, S. 488), hergestellt. Dies gilt sowohl für die formale Logik wie für logisches Schließen ausgehend von Alltagsphänomenen. Dabei lassen sich verschiedene Formen des logischen Schließens unterscheiden: 1) induktives, 2) deduktives, 3) analoges, 4) transitives, 5) demonstratives und 6) plausibles Schließen (vgl. auch Abschn. 3.6).

Induktives Schließen beruht auf der Beobachtung von Phänomenen und dem anschließenden Versuch, nachfolgende Ereignisse logisch zu interpretieren und dadurch Verknüpfung herzustellen. Allerdings ist induktives Schließen grundsätzlich mit Unsicherheit behaftet, weil es weder widerspruchsfrei ist noch sämtliche Aspekte in die Schlussfolgerungen einbeziehen kann. Diese Schlüsse „verlieren bei nur einem Gegenbeispiel den Anspruch auf Allgemeingültigkeit" (Oerter und Dreher 2002, S. 488). Dennoch spielen induktive Schlüsse sowohl im wissenschaftlichen Kontext wie im Alltag eine wichtige Rolle (vgl. Abschn. 3.6.1).

Deduktives Schließen beschreibt schlussfolgerndes Denken gemäß logischer Schlussregeln, bei dem die Gültigkeit der auf diesem Wege gewonnenen Konklusion im Zentrum steht. Logische Gültigkeit meint dabei, dass sich aus etwas Gegebenem – unabhängig von dessen sachlicher Richtigkeit – durch die Befolgung logischer Schlussregeln eine formal zwingende Schlussfolgerung ergibt.

Analoges Schließen wird wie das induktive Schließen in unterschiedlichen Kontexten verwendet. Besonders bedeutsam ist es im Hinblick auf das Lernen von Schülerinnen und Schülern, das ausgehend von ähnlichen Beispielen erfolgen kann (vgl. Oerter und Dreher 2002, S. 489). Aber auch Analogieschlüsse bergen einige Schwierigkeiten. Ein Transfer ist beispielsweise nur dann möglich, wenn eine grundsätzliche Strukturgleichheit zwischen der Ausgangsaufgabe und der Transferaufgabe besteht. Eine Strukturgleichheit in oberflächlich betrachtet unterschiedlichen Problemen zu erkennen, ist sehr anspruchsvoll, weil sie sich in der Tiefenstruktur des Sachverhalts und nicht in der Oberfläche des Problemtextes manifestiert. Analogieschlüsse bedingen daher, dass Aspekte der Tiefenstruktur fokussiert werden müssen und die Oberflächenstruktur demgegenüber eher vernachlässigt werden kann.

Transitives Schließen bezeichnet das Schließen auf der Basis einer bestimmten Reihenfolge bzw. anhand einer transitiven Beziehung (z. B. Goswami 2001). Wenn beispielsweise A größer ist als B und B grösser ist als C, dann ist A auch größer als C.

Ein Fokus auf die Art des Schließens ist bei Pólya (1954) zu finden. Er unterscheidet das demonstrative vom plausiblen Schließen und führt aus, dass mathematische Beweise auf Ersterem beruhen, was auch in der oft verwendeten sprachlichen Formulierung „quod erat demonstrandum", die den Schluss eines Beweises anzeigt, ersichtlich wird. Die Konklusionen, die sich aus plausiblem Schließen ergeben, sind hingegen nicht vollkommen sicher, sondern bleiben strittig und damit provisorisch. Bei dieser Unterscheidung handelt es sich um eine Strukturierung verschiedener Arten des Schließens.

Unabhängig davon, welche Form des Schließens oder welche Begründungsart (vgl. Abschn. 3.6) verwendet wird, zentral ist, dass dadurch ein postulierter oder vermuteter Zusammenhang logisch begründet werden kann. Diese logische Begründung bedarf einer Prüfung, die im sozialen Kontext erfolgt (vgl. Abschn. 4.1).

4.3   Beweisen – eine Folge von Einzelaktivitäten

4.3.1   Drei unterschiedliche Aktivitäten

Am Beispiel des Beweisens von professionellen Mathematikerinnen und Mathematikern beschreiben Schwarz et al. (2010, S. 120) drei unterschiedliche Aktivitäten. Es sind dies: 1) Enquiring, 2) Proving und 3) Inscribing proofs.

Die erste Aktivität kann als Nachforschen und experimentelles Suchen beschrieben werden, wobei es darum geht, Vermutungen bezüglich eines möglichen Verhaltens bzw. einer Lösung anzustellen. Es geht hier in erster Linie darum, sich einen Reim auf ein Verhalten oder einen vermuteten Zusammenhang zu machen. Diese Aktivität liegt auch dem experimentellen Beweis zugrunde (vgl. Abschn. 2.5.3). Die zweite Aktivität, das Beweisen, wird als essenzielle Handlung beschrieben, die darauf abzielt, logische Konsequenzen aus den Vermutungen abzuleiten und sie in einem Beweis zu fassen. Das entscheidende Verstehen der Zusammenhänge ist deshalb in dieser Aktivität zu finden. In der dritten Aktivität geht es noch um das Niederschreiben des gefundenen Zusammenhangs, was in der Welt der professionellen Mathematik in Form von formal-symbolischer Sprache erfolgt. Deshalb lässt sich der formal-deduktive Beweis dieser dritten Aktivität zuordnen, der operative hingegen der zweiten.

Für Schwarz et al. (2010) besteht ein Bruch zwischen der ersten und den beiden weiteren Aktivitäten. Dieser kann aus kognitionspsychologischer Sicht mit der Notwendigkeit der Umstrukturierung des Wissens zwischen der ersten und den beiden folgenden Aktivitäten erklärt werden. Ein relativ freies Vermuten und Suchen kann sich auf Beispiele beziehen (experimenteller Beweis) und anhand deren ein Verhalten testen. Dabei sind nicht zwingend formal-symbolische Mittel notwendig und die Argumentation kann relativ alltagsnah erfolgen, im Sinne alltäglichen Argumentierens mit Beispielen. Die zweite Aktivität hingegen verlangt den fundamentalen Wechsel vom experimentellen Zugang über Beispiele hin zum Durchschauen eines Zusammenhangs und damit eine Umstrukturierung des empirisch gewonnenen Wissens. Bei der dritten Aktivität wiederum geht es primär um das Ausformulieren des erschlossenen Zusammenhangs, d. h. um die Organisation der Argumente und die Elaboration der Schlussfolgerungen. Hier spielen formale Aspekte eine Rolle, während dies in den ersten beiden Aktivitäten weniger der Fall ist. Schwarz et al. (2010, S. 120) sprechen von der dritten Aktivität als einer Übersetzung des Beweisresultats in „an artefact with a communicative function for the scientific community". Gleichzeitig weisen sie darauf hin, dass diese drei Aktivitäten miteinander zusammenhängen, was als genetisches Verständnis des Beweisprozesses interpretiert werden kann.

4.3.2   Beweisen in sieben Schritten

Boero (1999) beschreibt den Prozess des Beweisens auf der Basis des Vorgehens von Expertinnen und Experten in sechs Phasen. Diese werden von Reiss und Ufer (2009, S. 162) durch einen weiteren, abschließenden Schritt ergänzt. Es sind dies die folgenden sieben Phasen: 1) Finden einer Vermutung aus einem mathematischen Problemfeld heraus, 2) Formulierung der Vermutung nach üblichen Standards, 3) Exploration der Vermutung mit den Grenzen ihrer Wahrheit; Herstellen von Bezügen zur mathematischen Rahmentheorie; Identifizieren geeigneter Argumente zur Stützung der Vermutung, 4) Auswahl von Argumenten, die sich in einer deduktiven Kette zu einem Beweis organisieren lassen, 5) Fixierung der Argumentationskette nach aktuellen mathematischen Standards, 6) formaler Beweis und schließlich 7) Akzeptanz durch die mathematische Community (vgl. Abb. 4.2).

   Die ersten sechs Phasen von Boero (1999) beziehen sich auf den individuellen Denk- und Arbeitsprozess, während die siebte ergänzende Phase von Reiss und Ufer (2009) den sozialen Bezugsrahmen des Diskurses, in dem die Validierung eines gefundenen Beweises erfolgt, aufnimmt.

   Diese sieben Phasen beschreiben den Beweisprozess in idealtypischer Weise ausgehend vom Vorgehen von Expertinnen und Experten und damit als erfolgreiches, kompetentes Vorgehen. Aus diesem Grund ist dieses Modell für die Modellierung von schulischen Beweisprozessen nur bedingt geeignet, da diese fehlerbehaftet sind und nur in den seltensten Fällen einen direkten, linearen Prozess darstellen. Dennoch können diese sieben Phasen eines idealtypischen Ablaufs didaktisch genutzt werden (vgl. Abschn. 5.3.2.1). Bezieht man die verschiedenen Beweistypen von Wittmann und Müller (1988) ein, wird zudem deutlich, dass sich die Beweisphasen von Boero (1999) insbesondere auf den formal-deduktiven Beweis beziehen. Schon in der zweiten Phase wird mit der Formulierung einer Vermutung, die dem üblichen Standard entspricht, deutlich, dass hier von Anfang an formal-symbolische Sprache von Bedeutung ist. In der vierten Phase wird zudem manifest, dass sich dieser Prozess auf ein deduktives Vorgehen abstützt. Induktive und abduktive Vorgehensweisen können in diesem Modell zwar in der dritten Phase eingesetzt werden, müssen aber spätestens in der vierten Phase von deduktivem Vorgehen abgelöst werden. Dem Modell von Boero (1999) fehlt nicht nur das zirkuläre Element, das für fehlerbehaftetes Arbeiten von Lernenden bedeutsam ist, sondern auch ein genetisches Verständnis, wonach aus einem inhaltlich-anschaulichen oder operativen Beweis schließlich ein

Finden einer Vermutung	Formulierung der Vermutung nach üblichen Standards	Exploration der Vermutung mit den Grenzen ihrer Gültigkeit	Auswahl von Argumenten für deduktive Kette	Fixierung der Argumentations-kette	Formaler Beweis	Akzeptanz durch mathematische Community

Abb. 4.2 Sechs Phasen des Beweisens von Boero (1999), ergänzt durch eine weitere Phase von Ufer und Reiss (2009)

formal-deduktiver abgeleitet werden kann, der einen gefundenen Zusammenhang ergänzend auch mit formal-symbolischen Mitteln darstellt.

4.4 Formulieren und Kommunizieren

4.4.1 Begriffsbestimmung

Während des Beweisprozesses geht es immer auch um das Formulieren und Kommunizieren. Beim Formulieren wird etwas in eine angemessene Form gebracht (vgl. Duden 2001, S. 325) und damit kommunizierbar gemacht. Das in dieser Umschreibung enthaltene Kriterium der Angemessenheit weist verschiedene Bezüge auf. So kann sich Adäquatheit auf den Gegenstand und damit auf den mathematischen Sachverhalt, den sozialen Kontext der Lerngemeinschaft und ihre Voraussetzungen und/oder auf die kognitiven und sprachlichen Möglichkeiten der betreffenden Person beziehen, die formuliert. Fokussiert man die Angemessenheit bezogen auf den Gegenstand, rücken Aspekte der fachlichen Korrektheit, der Gültigkeit eines Arguments, der Verwendung entsprechender Fachtermini sowie die fachliche Sprache und das Medium, in dem das Denken repräsentiert wird, in den Mittelpunkt der Aufmerksamkeit.

Formulieren kann sowohl in schriftlicher wie in mündlicher Form erfolgen. Für Vygotsky (1969 S. 337) ist die schriftliche die „wortreichste, exakteste und entwickeltste Form der Sprache", die er vom spontanen Sprechen abgrenzt. Dieses ist für ihn ein Synonym für „Nichtbewusstsein des Begriffs" und stellt „Systemlosigkeit" dar (Vygotsky 1969, S. 282). Formulieren meint gemäß dieser Auffassung also bewusstes sprachliches Handeln, während Kommunizieren auch Aspekte spontanen Sprechens beinhalten kann.

Wie in der Alltagskommunikation auch unterliegen mathematisches Formulieren und Kommunizieren prinzipiell der Möglichkeit des Missverstehens, sofern man sich nicht vorher in der fachlichen Gemeinschaft auf allgemeine bzw. wissenschaftliche Begriffe verständigt und geteilte Bedeutung erreicht hat.

4.4.2 Formulieren aus Sicht der aktuellen Bildungsstandards

In den verschiedenen Konzeptionen der Bildungsstandards (Common Core State Standards Initiative 2012; Erziehungsdirektorenkonferenz 2011; Kultusministerkonferenz 2003, 2005;

National Council of Teachers of Mathematics 2000) werden die Aspekte „Formulieren"
und „Kommunizieren" unterschiedlich verwendet. Die deutschen Bildungsstandards
(Kultusministerkonferenz 2003, 2005) nennen die Kompetenz „Formulieren" nicht explizit, wohl aber diejenige des mathematischen Kommunizierens. Dieses wird als mündliche
und/oder schriftliche Äußerung verstanden, die darauf abzielt, mathematische Überlegungen, einen Lösungsweg oder Ergebnisse verständlich darzustellen und zu präsentieren (vgl.
Leiss und Blum 2006). Das Formulieren kann daher als Teil der Kompetenz „Mathematische Darstellungen verwenden" interpretiert werden, weil es sich dabei nicht nur um den
passiven Teil der Rezeption vorgegebener Darstellungen handelt, sondern auch um deren
aktive Erzeugung (vgl. Leiss und Blum 2006). Zum verständlichen schriftlichen Darstellen
wird auch die Verwendung adäquater Fachsprache gezählt.

Das Schweizer Kompetenzmodell HarmoS (Erziehungsdirektorenkonferenz 2011) verwendet den Begriff des Formulierens, nicht aber denjenigen des Kommunizierens. Konkret
gesprochen wird von der Kompetenz „Darstellen und formulieren". Formulieren ist implizit auch in weiteren Kompetenzen (im Schweizer Modell „Handlungsaspekte" genannt)
enthalten, z. B. in „Wissen, erkennen und beschreiben" und „Argumentieren und begründen", aber auch bei „Interpretieren und reflektieren der Resultate" und bei „Erforschen
und explorieren", wobei es hier wohl eher auch um Aspekte des spontanen Sprechens und
somit um Kommunizieren geht.

Die amerikanischen Bildungsstandards des National Council of Teachers of Mathematics (2000) hingegen weisen „communication" als eigenen Standard aus. Die Schülerinnen
und Schüler aller Stufen sollen lernen, ihr mathematisches Denken mittels Kommunikation zu organisieren und zu konsolidieren. Zudem sollen sie dazu befähigt werden, ihre
mathematischen Überlegungen gegenüber anderen in der fachlichen Lerngemeinschaft
kohärent und klar darzulegen. Dafür stehen auch die Fachsprache und die formale Sprache
zur Verfügung, auf die Bezug genommen werden soll. Es geht also nicht nur um das mehr
oder weniger freie Berichten mathematischer Gedanken, sondern ebenso sehr um deren
angemessene Formulierung. In den amerikanischen „Principles and Standards" (National Council of Teachers of Mathematics 2000) wird Kommunikation jedoch nicht nur als
Standard, sondern auch als Unterrichtsprinzip ausgewiesen und als Mittel zur Enkulturation interpretiert. Damit wird der soziale Rahmen in dieser Konzeption sehr stark betont,
hingegen wird nicht zwischen Formulieren und Kommunizieren unterschieden. Diese
Unterscheidung findet man in den in den USA verbreiteten Standards (Common Core
State Standards Initiative 2012) hingegen nicht. Dort wird von Ausdruck gesprochen.

4.4.3   Formulieren mit Alltagsbegriffen und wissenschaftlichen Begriffen

Vygotsky (1969) unterscheidet zwischen Alltagsbegriffen und wissenschaftlichen Begriffen, die beide ihre Stärken und Schwächen aufweisen. Die Schwäche der Alltagsbegriffe
ortet er in ihrer „Unfähigkeit zur Abstraktion", diejenige der wissenschaftlichen Begriffe

hingegen in ihrem „Verbalismus" (Vygotsky 1969, S. 170). In den unterschiedlichen Arten von Begriffen wird auch die Beziehung zum Objekt unterschiedlich gefasst. Die Entwicklung verläuft vom Alltagsbegriff hin zum wissenschaftlichen Begriff. Alltagsnahes Argumentieren kann sich auf Alltagsbegriffe abstützen, während formal-deduktives Beweisen auf wissenschaftlichen Begriffen beruht. Eine moderierende Zwischenstufe zwischen Alltagsbegriff und wissenschaftlichem Begriff stellt bei Vygotsky (1969) der sogenannte Vorbegriff dar, was am Beispiel des Begriffs „Zahl" deutlich gemacht werden kann. Dieser stellt nämlich bereits eine erste Abstraktion vom konkreten Objekt dar und ist deshalb als Vorbegriff zu bezeichnen, der durch nachfolgende Abstraktion zu weiteren Verallgemeinerungen führen kann, beispielsweise indem eine Zahl in einem wissenschaftlichen Sinne verwendet wird, z. B. in Form eines algebraischen Ausdrucks. Algebra weist deshalb bei Vygotsky eine besondere Rolle auf, weil sie das kindliche (oder alltägliche) Denken „aus dem Bannkreis der konkreten numerischen Abhängigkeit" (Vygotsky 1969, S. 187) befreit und es auf die Stufe eines verallgemeinerten Denkens hebt. Algebra wird damit nicht einfach nur zur Fachsprache, sondern stellt einen zusätzlichen Freiheitsgewinn dar und steht für ein erweitertes Bewusstsein.

Beim Beweisen muss folglich nicht nur eine Umstrukturierung von Wissen, sondern entsprechend auch von Begrifflichkeiten stattfinden. Eine Formulierung in Alltagsbegriffen erfährt dabei zunehmende Präzisierung und Abstrahierung in Form von Vorbegriffen und am Ende in Form von wissenschaftlichen Begriffen, die ihre knappste und präziseste Form in der formalen Sprache finden. Diese Umstrukturierung von Alltagsbegriffen in Vorbegriffe und schließlich in wissenschaftliche Begriffe ist allerdings enorm anforderungsreich, gilt es dabei doch zu berücksichtigen, dass die Regeln jeweils andere sind. Zudem beziehen sich wissenschaftliche Begriffe im Sinne von „conceptual knowledge" (Hiebert und Lefevre 1986) auf Zusammenhänge und fassen Konzepte mit ihren Beziehungen, was auch Jahnke und Otte (1981, S. 76f., übersetzt von Steinbring 1997, S. 68) hervorstreichen:

> Moderne Wissenschaft tendiert mehr und mehr zu einem Verständnis von Begriffen, nach dem sie nicht länger Substanz-Begriffe im klassischen Sinne sind, sondern Relations- oder Beziehungsbegriffe. … Dementsprechend sind Begriffe keine Namen oder Bezeichnungen von Dingen, sondern Beziehungen zwischen Dingen. Ein Begriff, der zum Beispiel ein Merkmal eines Dinges bezeichnet, bezieht sich nicht nur auf dieses Merkmal, sondern auf die Beziehungen zwischen diesem und der Gesamtheit zugehöriger Merkmale.

Wissenschaftliche Begriffe verlangen demnach Zusammenhangswissen und nicht nur die Verwendung eines Fachbegriffs. Dieses Verständnis findet man auch bei Aebli (2003, S. 245), der Begriffe nicht einfach als „Inhalte des geistigen Lebens" versteht, sondern als „seine Instrumente". Begriffe sind „Einheiten, mit denen wir denken, indem wir sie kombinieren, zusammensetzen und umformen" (Aebli 2003, S. 246). Begriffe müssen drei Gütekriterien erfüllen (Aebli 1981, S. 89): 1) Sie müssen Einsicht in die gedankliche Struktur vermitteln. 2) Sie müssen einen „Zug der Wirklichkeit" erfassen, der mit anderen systematisch zusammenhängt. 3) Sie müssen trotz aller möglichen Transformationen invariant bleiben. Die minimale Anforderung an einen Begriff ist, „dass er dem Menschen erlaubt, eine bestimmte Erscheinung wiederzuerkennen, sie zu identifizieren".

Die Unterscheidung in unterschiedliche Arten von Begriffen findet ihre Fortsetzung in der Differenzierung der Sprache. Leuders (2003) spricht mit von der „Sprache des Verstehens" und der „Sprache des Verstandenen" (vgl. Schiewe 1994). Letztere ist das „Ergebnis eines individuellen Ordnens und eines sozialen Aushandlungsprozesses" (Leuders 2003, S. 30), Erstere hingegen ist durch Individualität und Ambivalenz gekennzeichnet. Es handelt sich dabei aber weniger um zwei grundlegend unterschiedliche Arten von Sprache als um andere Fokussierungen.

Die Sprache des Verstehens steht insbesondere während des Prozesses im Vordergrund, die Sprache des Verstandenen hingegen kennzeichnet das fertige Produkt. Beim Formulieren muss ein mathematischer Zusammenhang demnach zunächst in der Sprache des Verstehens gefasst werden, kann dann aber abschließend in der Sprache des Verstandenen als Arbeitsprodukt ausgedrückt werden.

4.4.4   Mathematische Fachsprache und formale Sprache

Die formal-symbolische Sprache stellt eine besondere Ausdrucksweise dar, da sie es erfordert, für einen alltagssprachlichen Gedanken eine formal-symbolische Form zu finden. Damit ist gleichzeitig die Zugehörigkeit zur fachlichen Community geklärt, denn Domänenkundige verstehen diese spezifische Sprache. Im Rahmen der Enkulturation und der Aufnahme in diese fachliche Gemeinschaft werden schulische Lernprozesse daraufhin angelegt, dass ein schrittweises Aufbauen dieser spezifischen Sprache ermöglicht wird.

Die mathematische Fachsprache charakterisiert Hussmann (2003) mit fünf Merkmalen: Sie enthält 1) bestimmte Fachausdrücke, die in der Alltagssprache kaum vorkommen (z. B. „Hypotenuse", „Term" usw.) oder in der Alltagssprache anders verwendet werden (z. B. „reell", „rational"). In der mathematischen Fachsprache werden 2) eine ganz bestimmte Syntax und Semantik verwendet. Es ist beispielsweise die Rede von „Sei α …, so…" usw. Es finden sich 3) Konstanten und Variablen, die zur Substitution von Ausdrücken, Objekten und Relationen verwendet werden. 4) Durch die Verwendung von Symbolen wird die Informationsdichte erhöht. Mathematische Ausdrücke können deshalb sofort als solche identifiziert werden. 5) Mathematische Definitionen beziehen sich häufig auf bereits zuvor definierte Begriffe.

Malle (2009) verweist auf eine weitere Besonderheit der mathematischen Fachsprache, indem er ihre Affinität zu Metaphern erwähnt. Die Transformation von Alltagsbegriff in einen wissenschaftlichen Begriff oder Fachausdruck ist nicht unproblematisch und muss sorgfältig auf der Ebene der Begriffsbildung und des konzeptuellen Wissens erfolgen. Dies wird sehr schön deutlich im Ausspruch eines vierjährigen Jungen, der auf ein Rechteck zeigt, dessen korrekte Bezeichnung er eben von seiner Mutter gehört hat, und sie nun auffordert: „Mama, zeigst du mir jetzt ein Linkeck?" Die kreative Wortschöpfung „Linkeck" offenbart, dass der Junge dem Fachbegriff „Rechteck" die rechte Seite zugeordnet hat und deshalb nun in Analogie wissen möchte, wie das „Linkeck" aussieht. Dass das Rechteck seinen Namen aufgrund des Konzepts des rechten Winkels hat, ist Ausdruck einer mathematischen Beziehung, nicht eines Alltagsbegriffs, was im Beispiel zu einem erheiternden Missverständnis führt.

Die mathematische Fachsprache verfolgt das Ziel, größtmögliche Präzision und Eindeutigkeit zu erreichen und die in der Alltagssprache vorhandenen Redundanzen zu vermeiden. Im Gebrauch von Symbolen wird zudem ein operativer und mechanischer Umgang mit Informationen möglich. Dadurch soll die Kommunikation – zumindest für Domänenkundige – vereinfacht und der Informationsgehalt gleichzeitig verdichtet werden. Algebra gilt als solch hoch verdichtete, formal-symbolische Sprache. Ihre spezifische Syntax legt genau fest, welche Zeichen und welche Reihenfolge der Zeichen zulässig sind (z. B. bei der Klammersetzung). Die spezifische Semantik klärt, dass sich beispielsweise beim Einsetzen von Zahlnamen für die Variablen aus einem Term erneut ein Zahlname ergibt (vgl. Vollrath und Weigand 2007).

Allerdings ist der Erwerb dieser formal-symbolischen Sprache mit zahlreichen Schwierigkeiten behaftet. Beispielsweise stellt die Anforderung, dass die geltenden Regeln und Regelhierarchien innerhalb dieses Gebildes erfasst werden können, gerade für Schülerinnen und Schüler eine große Herausforderung dar (Vollrath und Weigand 2007). Was für Lehrpersonen und Domänenkundige sofort ersichtlich ist, erweist sich für Lernende als möglicher Stolperstein. Krummheuer (1983, S. 61) geht deshalb davon aus, dass sich das Handeln der Lehrperson in einem „algebraisch-didaktischen" Rahmen bewegt, die Lernenden demgegenüber aber in einem „algorithmisch-mechanischen" Rahmen agieren. Deshalb ist Algebra in der Schule oft als „Zerrform" kritisiert worden, insbesondere dann, wenn ohne entsprechende Erfahrungsgrundlage und ohne Rückgriff auf die inhaltlich-semantische Ebene die formalen Regeln überbetont werden (vgl. Wagenschein 1970). Algebraisches Verständnis verlangt zwingend das Herausarbeiten der Zusammenhänge innerhalb und zwischen den Strukturen. Formulieren in der formal-symbolischen Sprache bedeutet deshalb auch, eine Brücke zwischen der Alltagssprache und der hoch präzisen, verdichteten wissenschaftlichen Sprache zu schlagen. Für Fischer und Malle (2004, S. 47) sind die „Trennung des Formalen vom Inhaltlichen und die Verselbständigung des Formalen … eine charakteristische Methode der Mathematik und eine ihrer Stärken". Diese Stärke kann sie aber nur dann entfalten, wenn einerseits die Trennung zwischen Formalem und Inhaltlichem sorgfältig bearbeitet wird und andererseits Formales und Inhaltliches immer auch wieder zusammengeführt werden, denn Form und Inhalt bilden zwingend ein Ganzes. Methodisch schlagen Fischer und Malle (2004, S. 49) „Semantik vor Syntaktik" vor, indem sie propagieren, dass Darstellen und Formulieren von Inhalten vor dem formalen Rechnen und Schreiben kommen müssten.

Diese Verknüpfung zwischen Formalem und Inhaltlichem ist auch deshalb bedeutsam, weil sich im Zuge der Begriffsbildung Verluste von Begriffsaspekten ergeben (vgl. Aebli 1981). Bei einer Definition in einem Begriff gehen ursprünglich mitgedachte Aspekte des Begriffs während der Phase der Präzisierung verloren. In der Folge werden nur noch diejenigen Eigenschaften eines Begriffs verwendet, die in der Sprache der Mathematik präzise ausgedrückt werden können. Dadurch wird der Begriff allgemeiner, entfernt sich aber gleichzeitig auch vom Unmittelbaren und Anschaulichen. Deshalb ist es bedeutsam, mathematische Begriffe immer wieder auch hinsichtlich ihres Inhalts zu elaborieren.

4.4.5 Konkretisierung an einem Beispiel

Mara, deren Arbeit bereits im Zusammenhang mit den Begründungsarten vorgestellt worden ist (vgl. Abschn. 3.6.4), wählt für ihre Formulierung (vgl. Abb. 4.3) die schriftliche Form. Nachdem sie ein Verhalten zunächst an Zahlenbeispielen experimentell überprüft hat, gelingt es ihr, die Beispiele mittels Fachbegriffen und algebraischen Ausdrücken zu verallgemeinern. Sie findet in der abschließenden Darstellung die kürzest mögliche Formulierung des gefundenen Zusammenhangs und legt diesen formal-symbolisch formuliert vor.

Diese Formulierung muss nun der fachlichen Lerngemeinschaft zur Validierung unterbreitet werden, die ihrerseits in der Lage sein muss, die formal-symbolische Formulierung zu verstehen und zu prüfen. Formulieren grenzt sich damit vom wesentlich freieren und weiteren Kommunizieren ab, bei dem die gegenseitige Verständigung im Zentrum steht. Die für eine Sechstklässlerin hoch kompetente und nicht nur angemessene Formulierung kann im sozialen Kontext präsentiert und elaboriert werden, indem sie Schritt für Schritt dargestellt und kommuniziert wird. Ob die formal-symbolische Formulierung hinsichtlich des sozialen Kontextes tatsächlich angemessen ist, wird sich in deren Präsentation zeigen. Denn Angemessenheit bezieht sich dann auch auf die Verstehenskompetenzen der fachlichen Lerngemeinschaft. Für Personen, die die formal-symbolische Sprache beherrschen, erschließt sich der formulierte Zusammenhang hingegen sofort und ohne weitere Elaboration.

Auch im zweiten Beispiel wird gezeigt, warum jede Summe von vier aufeinanderfolgenden ungeraden Zahlen immer durch 8 teilbar sein muss (vgl. Abb. 4.4). Dabei erfolgt die Formulierung auch schriftlich, greift aber auf Zahlen und Markierungen zurück.

Diese Markierungen und Pfeile machen einen gefundenen Zusammenhang deutlich und stellen ihn auf ikonischer Ebene dar. Eine solche Darstellung kann zwar sehr wohl angemessen sein, ist aber nicht in jedem Fall selbsterklärend. Deshalb muss die Darstellung zunächst elaboriert bzw. kommuniziert werden, damit sie verstanden werden kann.

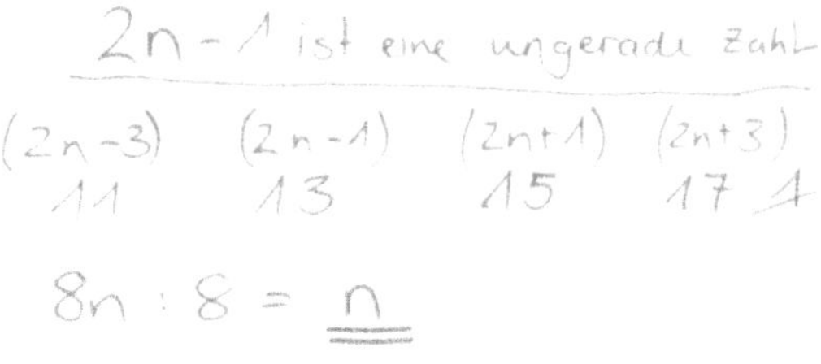

Abb. 4.3 Formulierung eines Beweises von Mara, 6. Klasse

$$2n - 1 \text{ ist eine ungerade Zahl}$$

$$(2n-3) \quad (2n-1) \quad (2n+1) \quad (2n+3)$$
$$11 \qquad\quad 13 \qquad\quad 15 \qquad\quad 17 \quad 1$$

$$8n : 8 = n$$

Abb. 4.4 Operativer Beweis einer Lehrperson (Klieme et al. 2006, 2009)

Abb. 4.5 Operativer Beweis: Darstellung der ersten vier aufeinanderfolgenden ungeraden Zahlen

Der gleiche mathematische Sachverhalt wird auch im nächsten Beispiel (vgl. Abb. 4.5) operativ gezeigt, nun aber auf enaktiver Ebene, indem die vier ungeraden aufeinanderfolgenden Summanden als Doppeltürmchen ($2n$) mit Würfeln gelegt werden. Es handelt sich hier deshalb weniger um die Kompetenz des Formulierens als um diejenige des Darstellens. Allerdings ist diese Darstellung, wenngleich sie sowohl mathematisch wie bezogen auf die Kompetenzen von Primarschülerinnen und Primarschülern angemessen ist, für Außenstehende oder die fachliche Lerngemeinschaft nicht in jedem Fall ohne Elaboration verstehbar. Damit der erkannte Zusammenhang für andere tatsächlich verständlich wird, muss er ebenfalls kommuniziert werden, beispielsweise indem gezeigt wird, dass man den Einzelwürfel auf die Würfelformation des vierten Turms schichten kann und so einen Doppelturm mit 8 Würfelchen erhält. Die Würfelchen des zweiten Turms werden auf diejenigen des dritten gelegt und erzeugen somit ebenfalls einen Doppelturm von 8 Würfeln. Auf diese Weise wird gezeigt, dass die Anzahl Würfel der beiden neuen Doppeltürme durch 8 teilbar ist (vgl. Abb. 4.6). Wird nun die Summe von vier ungeraden aufeinanderfolgenden Zahlen mit der nächsten ungeraden Zahl gebildet, bedeutet dies, dass sich jedes Türmchen um zwei Würfelchen vergrößert, was für die vier Türmchen gesamthaft zu einer Zunahme von acht Würfeln führt (vgl. Abb. 4.7).

Abb. 4.6 Operativer Beweis: Darstellung der Teilbarkeit durch 8 der Summe der ersten vier aufeinanderfolgenden ungeraden Zahlen

Abb. 4.7 Operativer Beweis: Darstellung der nächsten vier aufeinanderfolgenden ungeraden Zahlen durch die dunklen Würfel

Dadurch wird gezeigt, dass sowohl die Zunahme der Anzahl Würfel durch 8 teilbar ist als auch die Anzahl Würfel der aufeinandergelegten beiden Türme (weiss, grau). Für jede Summe ausgehend von der nächsten ungeraden Zahl ergibt sich immer wieder diese Zunahme von 8, die selbst teilbar durch 8 ist. Eine solche Elaboration und Kommunikation des gefundenen und enaktiv hergestellten Zusammenhangs ist zwingend notwendig, um den Denkprozess anderen gegenüber verständlich darlegen zu können.

4.5 Formen der Gewissheit

Beim schulischen Beweisen geht es also darum, mathematische Zusammenhänge zu erkennen, zu beschreiben und einen vermuteten oder behaupteten Zusammenhang zu begründen. Im Zentrum dieses Prozesses steht das Erlangen von Gewissheit über die Gültigkeit dieses postulierten Zusammenhangs. Gewissheit stellt sich aber nur dann ein, wenn Einsicht in den mathematischen Zusammenhang besteht. Diese Einsicht ermöglicht es, den erkannten Zusammenhang zu begründen und damit seine Gültigkeit zu klären.

Um einen Zusammenhang zwischen mathematischen Konzepten erkennen zu können, ist es notwendig, dass man die vorhandenen einzelnen Elemente erschließen, auf der Basis eines inhaltlich-semantischen Verständnisses eine Vorstellung davon aufbauen und sie anschließend zueinander in Beziehung setzen kann. So ist es beispielsweise beim Satz des Pythagoras zentral zu verstehen, dass die Summe der Kathetenquadrate nur dann die gleiche Fläche wie das Hypotenusenquadrat aufweist, sofern es sich um ein *rechtwinkliges* Dreieck handelt. Drollinger-Vetter (2011) nennt solche zentralen konzeptuell-inhaltlichen Bausteine Verstehenselemente. Diese sind aufgaben- bzw. inhaltsspezifisch konzipiert und werden auf zwei unterschiedlichen Ebenen des Verständnisses bearbeitet: auf der inhaltlich-semantischen Ebene – analog zum „Situationsverständnis" bei Reusser (1989, S. 91) – und auf der algorithmisch-syntaktischen Ebene der Mathematisierung – analog zur „Mathematisierung" bei Reusser (1989, S. 91).

Beim Beweisen besonders bedeutsam ist das Konzept der Verallgemeinerung, das dem Schlussfolgern zugrunde liegt. Die Verallgemeinerung eines Sachverhalts führt über unterschiedliche mentale Repräsentationsformen zu einer graduell stärker werdenden Einsicht in die Notwendigkeit des untersuchten Zusammenhangs und schließlich zum Erlangen von Gewissheit. Gelingt es, ausgehend von Beispielen einen bestimmten Zusammenhang zu belegen, wurde zwar empirische Gewissheit bezüglich der geprüften Beispiele erlangt, aber eine Verallgemeinerung und damit eine Gewissheit hinsichtlich der Allgemeingültigkeit ist dadurch nicht möglich. Dies wird am bereits erwähnten Beispiel deutlich. Wenn die Aufgabe „Die Summe $13 + 15 + 17 + 19$ ist durch 8 teilbar. Gilt dies für jede Summe von vier aufeinanderfolgenden ungeraden Zahlen?" dadurch bearbeitet wird, dass Beispiele generiert und bezüglich der im Aufgabentext geäußerten Behauptung überprüft werden, erreicht man keine allgemeingültige Antwort. Die erlangte Gewissheit bleibt lokal auf diese geprüften Beispiele bezogen; die Erkenntnis, dass es *notwendigerweise immer so* ist, dass eine Summe von vier aufeinanderfolgenden ungeraden Zahlen teilbar durch 8 ist, steht aber noch aus. Dies ist im Beispiel von Benjamin der Fall (vgl. Abb. 4.8). Benjamin erlangt Gewissheit bezogen auf seine fünf geprüften Beispiele. Ob die Behauptung für alle – auch nicht geprüften bzw. nicht prüfbaren – Beispiele gilt, vermag er ausgehend von seiner lokal erreichten Gewissheit aber nicht zu sagen.

Wird hingegen auf einer ikonischen Ebene eine Einsicht in die Struktur erzeugt, entsteht Einsicht, da der Zusammenhang gezeigt und ablesbar wird, aber gleichwohl noch interpretationsbedürftig ist und deshalb elaboriert werden muss. Wenn ein Zusammenhang demgegenüber auf der formal-deduktiven Ebene mittels formal-symbolischer, algebraischer Sprache hergeleitet wird – wofür allerdings die Mathematisierung der einzelnen auf der semantischen Ebene verstandenen Verstehenselemente notwendig ist –, entsteht eine intersubjektive Gewissheit, die für alle, welche die formale Sprache beherrschen, ohne weitere Elaboration nachvollziehbar ist (Details zum Beweisprozess siehe Brunner 2013).

Diese drei unterschiedlichen Formen von Gewissheit zeigen sich in den von Wittmann und Müller (1988) begründeten drei Beweistypen. Experimentelle Beweise bleiben

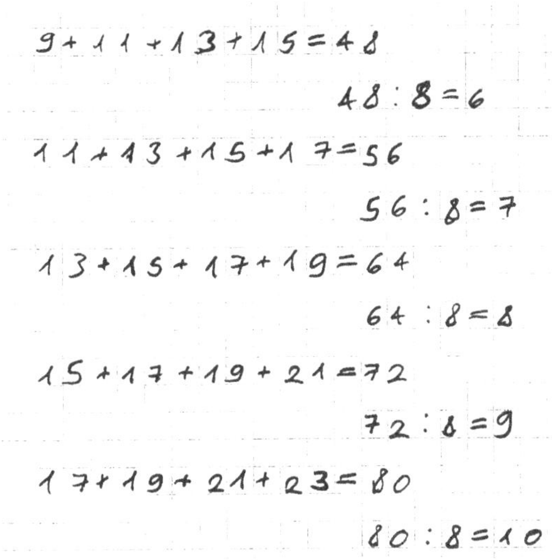

Abb. 4.8 Generierte und
geprüfte Beispiele von
Benjamin

$$9 + 11 + 13 + 15 = 48$$
$$48 : 8 = 6$$
$$11 + 13 + 15 + 17 = 56$$
$$56 : 8 = 7$$
$$13 + 15 + 17 + 19 = 64$$
$$64 : 8 = 8$$
$$15 + 17 + 19 + 21 = 72$$
$$72 : 8 = 9$$
$$17 + 19 + 21 + 23 = 80$$
$$80 : 8 = 10$$

an Beispiele gebunden und nehmen keine Verallgemeinerung vor, führen aber auch nicht zur Gewissheit, dass etwas *immer so sein muss*. Bei den operativen Beweisen wird zwar die Einsicht in die Struktur anschaulich-intuitiv erzeugt, liegt jedoch nicht übertragen in logisch-symbol-sprachlichen Schritten vor, die intersubjektiv nachvollziehbar sind. Der erkannte Zusammenhang muss zunächst elaboriert werden, damit er auch von anderen verstanden werden kann. Formal-deduktive Beweise hingegen liegen in einer formalen, algebraischen Sprache und damit auf symbolischer Ebene vor und sind das Ergebnis eines streng logischen Herleitens von mathematischen Beziehungen, deren allgemeine Gültigkeit formal dokumentiert wird. Sie erfordern entsprechende formal-algebraische Kompetenzen und eine Mathematisierung der Verstehenselemente. Die drei Beweistypen ermöglichen somit unterschiedliche Arten von Gewissheit und Einsicht.

4.6 Ein Prozessmodell des schulischen Beweisens

Wie kann der Prozess des schulischen Beweisens idealtypisch dargestellt werden? Ein kognitionspsychologisches Prozessmodell dazu legt Brunner (2013) vor. Das Modell erfasst sowohl die entscheidende Ausgangslage und die Zielsetzung als auch den diskursiven, sozialen Rahmen, innerhalb dessen sich das Beweisen im Klassenzimmer vollzieht. Es zeichnet nicht nur deskriptiv die einzelnen Aktivitäten oder Phasen des Prozesses nach, wie dies bei den bereits erwähnten Phasenmodellen (vgl. Abschn. 4.3) der Fall ist, sondern setzt darüber hinaus verschiedene in den vorangehenden Kapiteln vorgestellte Prozesse zueinander in Beziehung und leuchtet den Beweisprozess psychologisch aus. Dabei gilt es jedoch stets zu bedenken, dass ein Modell immer eine idealtypische Darstellung eines in Wirklichkeit deutlich komplizierteren Prozesses ist, bei dem Brüche, Fehler

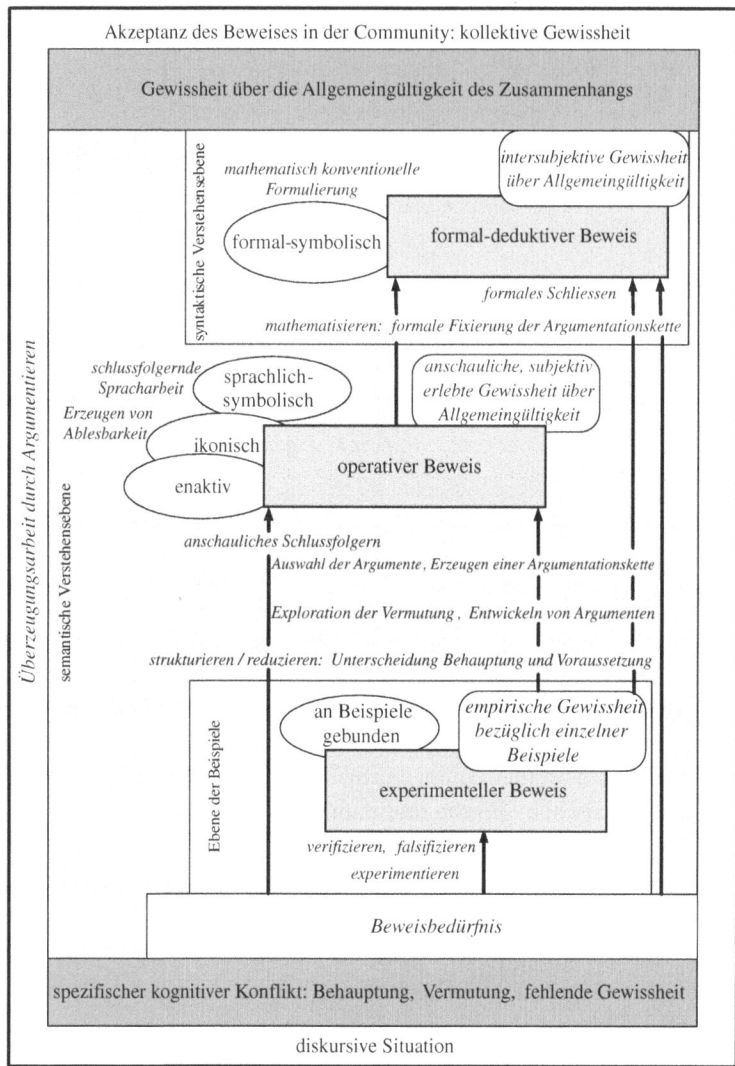

Abb. 4.9 Prozessmodell des mathematischen Beweisens (Brunner 2013, S. 114, hier leicht angepasst und ergänzt)

oder Scheitern möglich sind. Nicht jeder Beweisversuch führt auch automatisch zum
Erfolg oder ist vollständig und gradlinig. Dennoch ermöglicht es ein Modell, komplexe
Zusammenhänge in ihren wesentlichen Strukturen darzustellen.

Das Prozessmodell des schulischen Beweisens (vgl. Abb. 4.9) unterscheidet grundsätzlich zwischen zwei Dimensionen: 1) dem diskursiven, sozialen Rahmen, innerhalb
dessen sich der ganze Prozess vollzieht, und 2) dem psychologischen Prozess, der beim
Denken und Handeln im Einzelnen durchlaufen wird. Damit weist es einerseits eine
soziale, kollektive und andererseits eine individuelle Ebene auf.

Bei der diskursiven Situation geht es darum, dass am Anfang entweder eine nicht weiter begründete Behauptung oder eine Vermutung im Raum steht oder strittige Standpunkte vorhanden sind. Ziel des sozialen Aushandlungsprozesses ist es, mittels Argumenten zu überzeugen und die Akzeptanz der Community im Sinne einer kollektiven Gewissheit zu erlangen. Dies geschieht entweder, indem ein Konsens über unterschiedliche Positionen hergestellt oder indem ein behaupteter Zusammenhang plausibel begründet werden kann. In jedem Fall müssen aber Argumente entwickelt, ausgetauscht und geprüft werden. Je nach Voraussetzungen und Ansprüchen der Community können einfache Argumente überzeugen oder streng logische, formal-symbolisch formulierte Argumentationen eingefordert werden.

Auf der Individualebene lösen eine am Anfang des Prozesses geäußerte und nicht weiter begründete Behauptung oder nicht entschiedene unterschiedliche Positionen einen spezifischen kognitiven Konflikt aus, da die subjektive Gewissheit fehlt. Dadurch entsteht ein Bedürfnis nach dessen Auflösung bzw. nach einem ausbalancierten kognitiven Zustand (vgl. Piaget 2003), welches das Suchen nach Gewissheit in Gang setzt und damit ein Beweisbedürfnis generiert. Je nach Voraussetzungen, kognitiven Ressourcen und/oder persönlichen Präferenzen ist ein ausbalancierter kognitiver Zustand auf der Individualebene bereits in Form von empirischer Gewissheit, die sich auf geprüfte Beispiele bezieht, vorhanden. Wenn Gewissheit bezüglich der Allgemeingültigkeit eines Zusammenhangs für einen ausbalancierten kognitiven Zustand notwendig ist, ist dies entweder durch anschauliche, subjektiv erlebte Gewissheit möglich oder durch intersubjektive bzw. objektivierte. In jedem Fall ist die individuell erlangte Form der Gewissheit aber abhängig von der Community und deren Voraussetzungen und Anforderungen, die darüber entscheiden, ob beispielsweise empirische Gewissheit als genügend starkes Argument gilt und so Überzeugungsarbeit leistet oder nicht.

Der psychologische Prozess des Suchens nach Gewissheit spielt sich unabhängig von der Art der zu erlangenden Gewissheit in groben Zügen gleich ab: Ausgehend vom Beweisbedürfnis bzw. vom kognitiven Konflikt setzt ein Prozess des Suchens, Überprüfens und Begründens ein. Dieser mündet in Schlussfolgerungen, die daraus gezogen werden und auf individueller Ebene Gewissheit erzeugen, da der kognitive Konflikt überwunden werden konnte und ein ausbalancierter geistiger Zustand erreicht worden ist. Je nach Art der zu erlangenden Gewissheit zeigt sich dieser Prozess im Einzelnen aber in unterschiedlicher Ausgestaltung.

Im Fall der empirischen Gewissheit wird das Beweisbedürfnis durch das Suchen und Finden von Beispielen oder Gegenbeispielen befriedigt. Es wird experimentiert, verifiziert bzw. falsifiziert und daraus der Schluss gezogen, dass Gewissheit zumindest in Bezug auf die geprüften Beispielen herrscht. Faktische Evidenz ist damit erreicht. Diese bleibt jedoch stets an die untersuchten Beispiele und somit an einen experimentellen Beweis gebunden.

Im Hinblick auf die Allgemeingültigkeit eines entdeckten Zusammenhangs ist die durch geprüfte Beispiele erlangte empirische Gewissheit aber nur auf diese geprüften Beispiele bezogen, während keine Gewissheit bezüglich Allgemeingültigkeit vorhanden ist. Dafür ist entweder subjektiv erlebte Gewissheit oder intersubjektive bzw. objektivierte Gewissheit notwendig. Um diese zu erlangen, muss die Behauptung systematisch strukturiert oder reduziert und es muss zwischen Behauptung und Voraussetzung unterschieden werden können. Es folgen die Exploration einer Vermutung und die Entwicklung von Argumenten, die dann ausgewählt und zu einer Argumentationskette verbunden werden. Nun ist der Zusammenhang verstanden, begründet und die Argumentation in Form einer Kette von Argumenten und plausiblen Schlussfolgerungen erzeugt. Wenn diese auf anschaulichen Elementen beruhen, d. h. wenn auf ikonischer Ebene Ablesbarkeit erzeugt und ein Zusammenhang demonstriert wird, hat der Schluss eher sprachlich-symbolischen Charakter. Erzeugt ist dann eine subjektiv erlebte, anschauliche Gewissheit bezüglich der Allgemeingültigkeit, die aber im sozialen Rahmen anderen erst zugänglich gemacht und deshalb elaboriert werden muss. Ein operativer Beweis ist gefunden.

Liegt die Schlussfolgerung hingegen auf formal-symbolischer Ebene vor, entspricht sie der mathematischen Konvention eines formal-deduktiven Beweises und bietet intersubjektive Gewissheit hinsichtlich der Allgemeingültigkeit des untersuchten Zusammenhangs, da die formal-symbolische Ausdrucksweise für alle, die diese Sprache beherrschen, direkt und ohne weitere Elaboration nachvollziehbar ist. Dabei ist es notwendig, die Argumente nicht nur in einer Kette zu organisieren, sondern sie zu mathematisieren und in formal-symbolischer Sprache auszudrücken. Deshalb ist in diesem Fall das Transformieren der auf der inhaltlich-semantischen Ebene gefundenen Argumente auf die algorithmisch-syntaktische Ebene unumgänglich, während im Fall des operativen Beweises die inhaltlich-semantische Ebene ausreichend ist.

Ob die Argumentation – in welcher Form auch immer sie vorliegt und zu welcher Art der Gewissheit sie auf Individualebene geführt hat – akzeptiert oder verworfen wird, entscheidet sich im kollektiven Rahmen des Diskurses. Dafür müssen das Denken und die erlangte Gewissheit formuliert werden. Diese Formulierung kann unterschiedlich erfolgen und ist in Abhängigkeit vom jeweiligen Denken bzw. zum Beweistyp zu sehen. Ein experimenteller Beweis findet seine Formulierung in der Darstellung von Beispielen. Ein operativer Beweis hingegen demonstriert, konstruiert oder zeigt den gefundenen Zusammenhang in irgendeiner Weise, meist auf ikonischer Ebene. Ein formal-deduktiver Beweis hingegen wählt den formal-symbolischen Ausdruck als mentale Repräsentation. Das repräsentierte, entsprechend formulierte Denken muss in der Community kommuniziert und präsentiert werden, damit diese die vorgebrachten Argumente prüfen kann.

Natürlich können die Prozesse auf der Individualebene in mehreren Etappen über verschiedene Arten der Gewissheit verlaufen (ausgehend vom experimentellen Beweis hin zum operativen und schließlich zum formal-deduktiven), Abkürzungen nehmen (z. B. auf Anhieb formal-deduktives Vorgehen) oder auf Beispiele zurückgreifen und diese in verschiedenen Phasen nutzen. Der fundamentale Erkenntnissprung verläuft dort, wo Schwarz et al. (2010) den Bruch zwischen der ersten und den beiden weiteren folgenden Aktivitäten beschreiben (vgl. Abschn. 4.3.1). Dies ist aus kognitionspsychologischer Sicht der Schritt zwischen der empirischen, auf Beispielen beruhenden Gewissheit und der Gewissheit bezüglich der Allgemeingültigkeit. An dieser Stelle wird eine Umstrukturierung des Wissens notwendig. Nach Duncker (1935, S. 35) erzeugt empirische

Gewissheit noch keine Einsicht, da diese erst mit dem Einsehen der Allgemeingültigkeit erreicht werden kann. Erst dann ist verstanden, warum etwas notwendigerweise und immer gilt bzw. gelten muss.

Ein genetisches Vorgehen (vgl. Abschn. 2.5.4) beschreibt den vollständigen Denkprozess, ausgehend vom experimentellen Beweis an dessen Ende Gewissheit bezüglich der faktischen Evidenz der geprüften Beispiele besteht, über den operativen Beweis, der die Strukturen offenlegt und subjektive Gewissheit bezüglich der Allgemeingültigkeit erlangt, bis hin zur formal-symbolischen Notation des gefundenen Zusammenhangs im formal-deduktiven Beweis. In diesem Vorgehen enthalten sind sowohl die von Schwarz et al. (2009) beschriebenen drei unterschiedlichen Aktivitäten (vgl. Abschn. 4.3.1) als auch die sieben Schritte des Beweisens (vgl. Abschn. 4.3.2), wie sie von Boero (1999) identifiziert und von Reiss und Ufer (2009) ergänzt worden sind. Dieses genetische Vorgehen beschreibt zudem auch eine idealtypische didaktische Bearbeitung (vgl. Abschn. 5.3.2.1).

Literatur

Aebli, H. (1981). *Denken. Das Ordnen des Tuns* (Bd. 2). Stuttgart: Klett-Cotta.

Aebli, H. (2003). *Zwölf Grundformen des Lehrens. Eine Allgemeine Didaktik auf psychologischer Grundlage* (12. Aufl.). Stuttgart: Klett-Cotta.

Berlyne, D. E. (1974). *Konflikt, Erregung, Neugier. Zur Psychologie der kognitiven Motivation.* Stuttgart: Klett.

Boero, P. (1999). Argumentation and mathematical proof: A complex, productive, unavoidable relationship in mathematics and mathematics education. *International Newsletter on the Teaching and Learning of Mathematical Proof, 7/8.*

Boero, P., Garuti, R., Lemut, E., & Mariotti, A.M. (1996). Challenging the traditional school approach to theorems: A hypothesis about the cognitive unit of theorems. In L. Puig & A. Gutierrez (Hrsg.), *PME 29* (Bd. 2) (S. 113–120). Valencia, Spain.

Brunner, E. (2013). *Innermathematisches Beweisen und Argumentieren in der Sekundarstufe I.* Münster: Waxmann.

Common Core State Standards Initiative. (2012). *Mathematics standards.* http://www.corestandards. org/Math. Zugegriffen: 20. Okt. 2013.

Drollinger-Vetter, B. (2011). *Verstehenselemente und strukturelle Klarheit: fachdidaktische Qualität der Anleitung von mathematischen Verstehensprozessen im Unterricht.* Münster: Waxmann.

Duden. (2001). *Fremdwörterbuch* (7., neu bearb. und erw. Aufl.). Mannheim: Dudenverlag.

Duncker, K. (1935). *Zur Psychologie des produktiven Denkens.* Berlin: Springer.

Erziehungsdirektorenkonferenz (EDK). (2011). *Grundkompetenzen für die Mathematik. Nationale Bildungsstandards. Frei gegeben von der EDK Plenarversammlung am 16. Juni 2011.* Bern: EDK.

van Eemeren, F. H., & Grootendorst, R. (2004). *A systematic theory of argumentation. The pragmadialectical approach.* Cambridge: University Press.

van Eemeren, F. H., Grootendorst, R., Henkenmans, F. S., Blair, J. A., Johnson, R. H., Krabb, E. C. et al. (1996). *Fundamentals of argumentation theory: A handbook of historical background and contemporary developments.* Hillsdale, NJ: Lawrence Erlbaum.

Fischer, H., & Malle, G. (2004). *Mensch und Mathematik. Eine Einführung in didaktisches Denken und Handeln* (Nachdruck). Wien: Profil.

Goswami, U. (2001). *So denken Kinder: Einführung in die Psychologie der kognitiven Entwicklung.* Bern: Huber.

Herbst, P. G. (1998). *What works as proof in the mathematic class.* Athens, GA: University of Georgia.

Hiebert, J. & Lefevre, P. (1986). Conceptual and procedural knowledge in mathematics: An introductory analysis. In J. Hiebert (Hrsg.), *Conceptual and procedural knowledge: The case of mathematics* (S. 1–27). Hillsdale: Lawrence Erlbaum.

Hussmann, S. (2003). Umgangssprache – Fachsprache. In T. Leuders (Hrsg.), *Mathematikdidaktik. Praxishandbuch für die Sekundarstufe I und II* (S. 60–75). Berlin: Cornelsen.

Jahnke, H. N., & Otte, M. (1981). On „Science as a Language". In H. N. Jahnke & M. Otte (Hrsg.), *Epistemological and social problems to the science in the early nineteenth century* (S. 75–89). Dordrecht: Reidel.

Klieme, E., Pauli, C., & Reusser, K. (Hrsg.). (2006). *Dokumentation der Erhebungs- und Auswertungsinstrumente zur schweizerisch-deutschen Videostudie „Unterrichtsqualität, Lernverhalten und mathematisches Verständnis" (Teil 3). Videoanalysen (Materialien zur Bildungsforschung)* (Bd. 15). Frankfurt: DIPF.

Klieme, E., Pauli, C., & Reusser, K. (2009). The Pythagoras study. In T. Janik & T. Seidel (Hrsg.), *The power of video studies in investigating teaching and learning in the classroom* (S. 137–160). Münster: Waxmann.

Knipping, C. (2003). *Beweisprozesse in der Unterrichtspraxis. Vergleichende Analysen von Mathematikunterricht in Deutschland und Frankreich.* Hildesheim: Franzbecker.

Krummheuer, G. (1983). Das Arbeitsinterim im Mathematikunterricht. In H. Bauersfeld, H. Bussmann, G. Krummheuer, J. H. Lorenz, & J. Voigt (Hrsg.), *Lernen und Lehren von Mathematik. Analysen zum Unterrichtshandeln II* (S. 57–106). Köln: Aulis.

Kultursministerkonferenz (KMK). (2003). *Bildungsstandards im Fach Mathematik für den Mittleren Schulabschluss. Beschluss vom 4, Dezember 2003.* München: Luchterhand.

Kultusministerkonferenz (KMK). (2005). *Bildungsstandards der Kultursministerkonferenz. Erläuterungen zur Konzeption und Entwicklung.* München: Luchterhand.

Leiss, D., & Blum, W. (2006). Beschreibung zentraler mathematischer Kompetenzen. In W. Blum, C. Drüke-Noe, R. Hartung, & O. Köller (Hrsg.), *Bildungsstandards Mathematik: konkret. Sekundarstufe I: Aufgabenbeispiele, Unterrichtsanregungen, Fortbildungsideen* (S. 33–50). Berlin: Cornelsen.

Leuders, T. (2003). Perspektiven von Mathematikunterricht. In T. Leuders (Hrsg.), *Mathematikdidaktik. Praxishandbuch für die Sekundarstufe I und II* (S. 15–58). Berlin: Cornelsen.

Malle, G. (2009). Mathematiker reden in Metaphern. *Mathematik lehren, 156,* 10–15.

National Council of Teachers of Mathematics (NCTM) (Hrsg.). (2000). *Principles and standards for school mathematics.* Reston: NCTM.

Oerter, R., & Dreher, M. (2002). Entwicklung des Problemlösens. In R. Oerter & L. Montada (Hrsg.), *Entwicklungspsychologie* (5., vollst. überarb. Aufl., S. 469–494). Weinheim: Beltz.

Piaget, J. (1947). *La Psychologie de l' Intelligence.* Paris: Librairie Armand Colin.

Piaget, J. (2000). *Die Psychologie der Intelligenz* (10. Aufl.). Stuttgart: Klett-Cotta.

Piaget, J. (2003). *Meine Theorie der geistigen Entwicklung.* Herausgegeben von Reinhard Fatke. Wein-heim: Beltz.

Pólya, G. (1954). *Mathematik und plausibles Schliessen. Induktion und Analogie in der Mathematik* (Bd. 1.) Basel: Birkhäuser.

Popper, K. (1966). *Logik der Forschung* (2., erw. Aufl.). Tübingen: Mohr.

Reiss, K., & Ufer, S. (2009). Was macht mathematisches Arbeiten aus? Empirische Ergebnisse zum Argumentieren, Begründen und Beweisen. *Jahresbericht JB DMV, 111*(4), 155–177.

Reusser, K. (1984). *Problemlösen in wissenstheoretischer Sicht. Problematisches Wissen, Problemformulierung und Problemverständnis* (Neudruck 1994). Bern: Universität Bern.

Reusser, K. (1989). *Vom Text zur Situation zur Gleichung. Kognitive Simulation von Sprachverständnis und Mathematisierung beim Lösen von Textaufgaben. Habilitationsschrift* (Neudruck 1995). Bern: Universität Bern.

Schiewe, J. (1994). Sprache des Verstehens — Sprache des Verstandenen. Martin Wagenscheins Stufenmodell zur Vermittlung der Fachsprache in Physik. In Akademie der Wissenschaften zu Berlin (Hrsg.), *Linguistik der Wissenschaftssprache* (Forschungsbericht 10) (S. 281–300). Berlin: de Gruyter.

Schoenfeld, A. (1992). Learning to think mathematically: Problem solving, metacognition, and sense-making in mathematics. In D. A. Grouws (Hrsg.), *Handbook of research on mathematics teaching and learning* (S. 334–370). New York: Macmillan.

Schwarz, B. B., Hershkowitz, R., & Prusak, N. (2010). Argumentation and mathematics. In K. Littleton & C. Howe (Hrsg.), *Educational dialogues: Understanding and promoting productive interaction* (S. 115–141). Oxon: Routledge.

Steinbring, H. (1997). Voraussetzungen und Perspektiven der Erforschung mathematischer Kommunikationsprozesse. In G. N. Müller, H. Steinbring, & E. C. Wittmann (Hrsg.), *10 Jahre „mathe 2000". Bilanz und Perspektiven. Festschrift zum 10jährigen Bestehen des Projekts „mathe 2000" an der Universität Dortmund* (S. 66–75). Stuttgart: Klett.

Ufer, S., Heinze, A., & Reiss, K. (2009). Individual predictors of geometrical proof competence. In O. Figueras & A. Sepulveda (Hrsg.), *Proceedings of the Joint Meeting of the 32nd Conference of the International Group for the Psychology of Mathematics Education, and the XX North American Chapter* (Bd. 1, S. 361–368). Morelia: PME.

Vollrath, H.-J., & Weigand, H.-G. (2007). *Algebra in der Sekundarstufe* (3. Aufl.). Heidelberg: Spektrum.

Vygotsky, L. S. (1969). *Denken und Sprechen*. Frankfurt a.M.: Fischer.

Wagenschein, M. (1970). *Ursprüngliches Verstehen und exaktes Denken* (Bd. 2). Stuttgart: Klett.

Wertheimer, M. (1964). *Produktives Denken* (2. Aufl.). Frankfurt a.M.: Kramer.

Wittmann, E. C., & Müller, N. G. (1988). Wann ist ein Beweis ein Beweis? In P. Bender (Hrsg.), *Mathematikdidaktik — Theorie und Praxis. Festschrift für Heinrich Winter* (S. 237–258). Berlin: Cornelsen.

Begründen und Beweisen lernen und lehren

Mathematisches Begründen und Beweisen ist eine hoch anspruchsvolle Tätigkeit, und zwar sowohl für Schülerinnen und Schüler wie für Lehrerinnen und Lehrer. Deshalb muss diese Aktivität sorgfältig aufgebaut und didaktisch sinnvoll geplant, begleitet und unterstützt werden. In diesem Kapitel wird deshalb zunächst das didaktische Handeln verortet, indem geklärt wird, was man unter Beweiskompetenz versteht und was diese ausmacht. Es folgt eine Übersicht über empirische Befunde zu typischen Schwierigkeiten von Schülerinnen und Schülern beim Beweisen. Anschließend wird aufgezeigt, welche didaktischen Modelle und gezielten Unterstützungsmöglichkeiten den Lehrpersonen zur Verfügung stehen, um diesen anspruchsvollen Prozess des Beweisens sorgfältig und angemessen zu initiieren, zu unterstützen und zu begleiten. Den Abschluss dieses Kapitel bildet ein Ausblick auf Merkmale guter Beweisprobleme.

5.1 Beweisen lernen

5.1.1 Beweiskompetenz

Beim Lernen und Lehren von Begründen von Beweisen geht es darum, Beweiskompetenz aufzubauen. Diese besteht aus verschiedenen einzelnen Fähigkeiten. Dazu gehört zunächst einmal recht allgemein, dass man die eigene mathematische Vorgehensweise und die gefundenen eigenen Lösungen auch erläutern kann. Gefordert ist also Kommunikationskompetenz. Des Weiteren sollte eine Lösung auch begründet werden können. Außerdem gehört zur Beweiskompetenz auch, dass man einen Beweis selbst führen kann. Dafür ist es notwendig, dass man mathematische Vermutungen anstellen und sie systematisch prüfen kann.

E. Brunner, *Mathematisches Argumentieren, Begründen und Beweisen*, Mathematik im Fokus, 79
DOI: 10.1007/978-3-642-41864-8_5, © Springer-Verlag Berlin Heidelberg 2014

Der Kompetenzbegriff, der gemäß Oelkers und Reusser (2008) nicht nur inflationär, sondern auch teilweise kontrovers verwendet wird, beschreibt nach Weinert (2001, S. 27)

> … die bei Individuen verfügbaren oder durch sie erlernbaren kognitiven Fähigkeiten und Fertigkeiten, um bestimmte Probleme zu lösen, sowie damit verbunden … Bereitschaften und Fähigkeiten, um Problemlösungen in variablen Situationen erfolgreich und verantwortungsvoll nutzen zu können.

Beweiskompetenz ist also keine kontextfreie kognitive Disposition, sondern beruht auf wissensbasierten Fähigkeiten innerhalb einer bestimmten kulturellen und lebensweltlichen Domäne. Kompetenzen und damit auch Beweiskompetenz lassen sich nicht inhaltsfrei aufbauen, sondern benötigen eine entsprechende Anforderungssituation innerhalb eines bestimmten situativen Kontextes (vgl. Reusser 2001; vgl. auch Abschn. 5.4) sowie die Bereitschaft, sich auf diese Anforderungssituation einzulassen. Allgemein gesprochen umfasst Beweiskompetenz die spezifischen erworbenen Handlungs-, Operations- und Begriffsschemata (Aebli 1980, 1981), mit denen jemand in einer Anforderungssituation entsprechende Beweisprobleme lösen kann. Diese Umschreibung lässt sich weiter präzisieren. Im Zusammenhang mit dem Methodenwissen beim Beweisen nennen Heinze und Reiss (2003) drei Aspekte, die als Teilkompetenzen der Beweiskompetenz betrachtet werden können: 1) Erwerb eines Beweisschemas, 2) Kenntnisse zur Beweisstruktur und 3) Verständnis für eine Beweiskette und deren Konstruktion.

Das Beweisschema bezeichnet Argumente, die in jedem einzelnen Beweisschritt jeweils zulässig sind. Es geht also um ein Akzeptanzkriterium mathematischer Beweise und nicht etwa um Vorstellungen und Fehlkonzepte von Lernenden.

Der zweite Aspekt bezieht sich auf die Fähigkeit, für eine mathematische Aussage eine entsprechende Beweisstruktur validieren oder konstruieren zu können:

> A proof starts at given premises and ends at a specific assertion. This assertion is proved if all arguments are valid from a structural point of view. In other words: a proof has to prove what it should prove, and the use of the assertion as an argument is not adequate. Moreover, gaps that form disruptions in the structure of the argumentation are not accepted as part of a mathematical proof. (Heinze und Reiss 2003, S. 2)

Der dritte von Heinze und Reiss (2003) identifizierte Aspekt, die Beweiskette, beschreibt die sequenzielle Anordnung von deduktiven Schlüssen: „Each step of a proof can be concluded from the previous step (possibly supported by additional mathematical information)" (Heinze und Reiss 2003, S. 2). Aufbauen und Fördern von Beweiskompetenzen bedeutet also, zumindest in diesen drei Aspekten gezielt Methodenwissen aufzubauen.

Beweiskompetenz selbst kann in unterschiedlichen Ausprägungen vorhanden sein. Reiss et al. (2006) beschreiben dazu drei Niveaus. Das erste, unterste Niveau I verlangt das Anwenden mathematischer Begriffe und Sätze bei einfachen Berechnungsproblemen, während Niveau II bereits einschrittige Argumentationen erfordert. Niveau III beschreibt demgegenüber die Fähigkeit, mehrere Beweisschritte zu kombinieren, wobei als Beweisschritt das Anwenden eines mathematischen Satzes definiert wird (vgl. Ufer et al. 2009). In der Beschreibung dieser drei Niveaustufen lässt sich ein fundamentaler qualitativer Unterschied zwischen dem ersten und dem zweiten Niveau ausmachen. Während Niveau I lediglich das Anwenden von vorhandenen Begriffen und Sätzen im gegebenen Kontext verlangt, verlangt Niveau II bereits Argumentationen und damit logische Schlüsse. Niveau III schließlich erfordert darüber hinaus auch die Kombination verschiedener Beweisschritte, was zu deren Organisation in einer Beweiskette führt. Zwischen Niveau II und III ist der Unterschied deshalb graduell.

Der Kompetenzbegriff ist zwingend mit der Bereitschaft zur kognitiven Auseinandersetzung und mit metakognitiven Fähigkeiten verknüpft. Diese gehören ebenso zur Beweiskompetenz, auch wenn sie von Heinze und Reiss (2003) nicht speziell ausgeführt werden. Aber gerade das dritte Niveau der Beweiskompetenz – das Anordnen von Argumenten in einer Beweiskette – beruht auf metakognitiven Prozessen wie Planen, Durchführen, Überwachen und Bewerten.

5.1.2 Motivationale und emotionale Aspekte der Beweiskompetenz

Der Kompetenzbegriff enthält nicht nur kognitive Facetten, sondern ebenso motivationale und emotionale, weil im Zusammenhang mit Beweiskompetenz auch eine entsprechende Bereitschaft zum Denken und Handeln notwendig ist. Allerdings ist der Forschungsstand bezüglich motivationaler und emotionaler Aspekte im Zusammenhang mit spezifischen Beweiskompetenzen äußerst dünn. Es sind kaum empirische Studien verfügbar, die gezielt Interessen, Motivation oder Emotionen beim Beweisen untersuchen. Die meisten Arbeiten in diesem Bereich beziehen das Fach als nicht näher bestimmten Inhaltsbereich ein und fragen nach Motivation, Interesse oder Emotionen im Mathematikunterricht allgemein (z. B. Götz et al. 2004; Götz und Kleine 2006; Götz und Frenzel 2010). Eine Ausnahme bildet hier die Arbeit von Heinze und Reiss (2009), in der Interesse und Motivation zwar auch allgemein beschrieben, aber im Rahmen eines Beweisprojektes erhoben wurden. Differenzielle Befunde zum Beweisen fehlen aber weitgehend.

Allgemein kann davon ausgegangen werden, dass ein recht starker Zusammenhang zwischen beobachteten Unterrichtsmerkmalen einerseits und dem Interesse der Schülerinnen und Schüler an Mathematik andererseits besteht (Waldis et al. 2010). Aber nicht nur der Unterricht beeinflusst das Interesse an Mathematik, sondern stärker an Mathematik interessierte Lernende beteiligen sich aufgrund ihrer positiveren Emotionen und ihrer erhöhten Aufmerksamkeit umgekehrt auch stärker am Unterricht und nehmen damit vielfältigere Lerngelegenheiten wahr, von denen sie dann auch wieder stärker profitieren. Die Lernmotivation ist in Mathematik dann größer, wenn Merkmale wie Problemlösestrategien, Beziehung zur Lehrperson, Alltagsbezug des Unterrichts, Motivierfähigkeit der Lehrperson, ihre Erklärungskompetenz und die Motivierungsqualität des Unterrichts hoch sind (Buff et al. 2010). Hier gilt, je besser die wahrgenommene Motivierungsqualität des Unterrichts ist, desto höher fällt die Lernmotivation im nächsten Schuljahr aus.

Etwas vereinfachend könnte man also bezüglich Interesse und Lernmotivation im Zusammenhang mit Beweisen schließen, dass auch sie von der Motivierungsqualität des Unterrichts abhängen und somit beeinflussbar sind. Vor dem Hintergrund der Tatsache, dass sich insbesondere die Interessierten stärker in den Mathematikunterricht einbringen und damit auch vielfältiger profitieren können, sollte ein besonderes Augenmerk auf die zurückhaltenden Schülerinnen und Schüler gelegt und ihre Situation im Zusammenhang mit einer sorgfältigen Gesprächsführung berücksichtigt werden. Dabei kann grundsätzlich davon ausgegangen werden, dass gerade experimentelle Zugänge, die eine hohe Aktivität der Schülerinnen und Schüler ermöglichen und gleichzeitig wenig anspruchsvoll sind, besonders geeignet sein sollten, um die Lernenden Beweisen als etwas Interessantes und Befriedigendes erleben zu lassen. Da sich Beweisen im Diskurs abspielt, dürften auch die soziale Organisation der Aktivität sowie das Klassenklima und die Gesprächskultur eine nicht unerhebliche Rolle im Zusammenhang mit Interesse und Motivation spielen. Und schließlich stellen gerade der anfängliche Zweifel und die fehlende Gewissheit darüber, ob eine Behauptung oder Vermutung stimmt oder nicht, eine gute Voraussetzung dar, um Neugierde und Interesse zu wecken und die Bereitschaft, sich auf einen Begründungsprozess einzulassen, zu erhöhen.

5.1.3 Befunde zur Beweiskompetenz von Schülerinnen und Schülern

Schülerinnen und Schüler tun sich schwer mit dem Beweisen, weil dieser Prozess einerseits sehr anspruchsvoll ist und der Aufbau und die Förderung dieser Kompetenz im Mathematikunterricht andererseits zu wenig fokussiert werden.

Zwischen den Beweiskompetenzen und allgemeinen, nicht beweisspezifischen mathematischen Fähigkeiten kann von Zusammenhängen ausgegangen werden (vgl. Reiss et al. 2006; Ufer et al. 2009). Wer allgemein hohe mathematische Kompetenzen aufweist, zeigt sie auch beim Beweisen, und wer hohe Kompetenzen beim Beweisen aufweist, zeigt auch solche in nicht beweisspezifischen Themen. Die Beweiskompetenzen können als Indikator für allgemeine, nicht beweisspezifische mathematische Fähigkeiten betrachtet werden. Für die leistungsschwächeren Schülerinnen und Schüler zeigt sich der Zusammenhang zwischen allgemeinen, nicht beweisspezifischen Fähigkeiten und Beweiskompetenzen besonders deutlich. So sind die meisten Schülerinnen und Schüler des untersten Leistungsdrittels des 7. und 8. Schuljahrs lediglich in der Lage, einfache Aufgaben zum Basiswissen erfolgreich zu lösen und mathematische Begriffe und Sätze bei einfachen Berechnungsproblemen zu verwenden, was dem Niveau I der Beweiskompetenz entspricht. Im oberen Leistungsbereich wird Niveau II der Beweiskompetenz erreicht, d. h. die Lernenden haben auch Wissen bezüglich einfacher Argumentationen.

Niveau III hingegen, das die Kombination mehrerer Beweisschritte in mehrgliedrigen Argumentationen erfordert, wird auch im obersten Leistungsdrittel von weniger als der Hälfte der Schülerinnen und Schüler erreicht (Reiss et al. 2006). Schülerinnen und Schüler der Sekundarstufe I bringen insgesamt nur selten komplexe deduktive Argumente vor (Healy und Hoyles 1998; Ufer und Heinze 2008; Ufer et al. 2009).

Generell muss davon ausgegangen werden, dass in allen drei Aspekten des Methodenwissens im Rahmen der Beweiskompetenz bei Schülerinnen und Schülern der Sekundarstufe I Unsicherheiten bestehen. Diese Unsicherheiten hängen – unterschiedlich stark zwar – mit der allgemeinen mathematischen Leistungsfähigkeit zusammen (Ufer et al. 2009). Interessant ist dabei, dass die Beweiskompetenz bzw. das Methodenwissen beim Beweisen nur einen geringen Zusammenhang mit dem allgemeinen Methodenwissen aufweist (Ufer et al. 2009). Demnach kann Methodenwissen als Teil der Beweiskompetenz als sehr spezifisch betrachtet werden.

Obschon Schülerinnen und Schüler durchaus in der Lage sind, deduktiv zu denken und mathematisch zu formulieren (vgl. Reid und Knipping 2010), gelingt es nur wenigen Lernenden, selbst einen Beweis zu führen oder einen Sachverhalt mathematisch zu begründen (z. B. Healy und Hoyles 1998; Reiss et al. 2001). Hinzu kommt, dass auch die Klassenzugehörigkeit beim Beweisen eine nicht unerhebliche Rolle spielt. Diese erklärt einen maßgeblichen Anteil der unterschiedlichen Leistungen der Schülerinnen und Schüler (Reiss et al. 2002).

Beweiskompetenz hängt aber auch von der mentalen Repräsentation bzw. von der Form, in der ein Beweis vorliegt, ab. So betrachten Schülerinnen und Schüler des 7. und 8. Schuljahres formal-symbolisch vorliegende Beweise nicht nur als Idealform eines Beweises, sondern sprechen diesen zudem größere Überzeugungskraft zu (Reiss und Heinze 2000). Das gilt auch für Schülerinnen und Schüler des 10. Schuljahres. Interessanterweise wird einem formal-deduktiv vorliegenden „Beweis" sogar dann Glauben geschenkt, wenn er falsch ist (Healy und Hoyles 1998). Auch Studierende bewerten einen Beweis oft nur nach seiner Erscheinungsform (Harel und Sowder 1998).

Betrachtet man die Beweiskompetenzen nach Geschlecht zeigen sich kaum nennenswerte Unterschiede (Heinze et al. 2007). Allenfalls vorhandene Geschlechtsdifferenzen sind eher gering (z. B. Frey et al. 2007). Unterschiede nach Geschlecht lassen sich vor allem dann finden, wenn einzelne Schulformen betrachtet werden, können aber meist nicht eindeutig attribuiert werden. So ist auch der höhere Mädchenanteil im Gymnasium eine mögliche Erklärung (z. B. Hosenfeld et al. 1999). Insgesamt gibt es in Deutschland und in der Schweiz Unterschiede zugunsten der Jungen, die aber in der Regel nur niedrige Effektstärken und damit schwache Effekte aufweisen (vgl. Heinze et al. 2007). Geschlechtsunterschiede beim Beweisen zeigen sich – wenn überhaupt – beim algebraischen Arbeiten eher zugunsten der Mädchen (z. B. Healy und Hoyles 1998; Küchemann und Hoyles 2003), beim geometrischen Arbeiten hingegen sind keine Unterschiede feststellbar (Cronje 1997). Eventuell werden Vorteile der Mädchen beim algebraischen Argumentieren durch tendenziell eher tiefere räumliche Kompetenzen der Mädchen (z. B. Maier 1994) egalisiert. Allerdings fehlen für diese Vermutung bislang stichhaltige Belege, auch wenn sie geprüft worden ist (Senk und Usiskin 1983).

Bei jüngeren Schülerinnen und Schülern wird weniger auf die Beweiskompetenz fokussiert als auf die Fähigkeit, begründen und schließen zu können. In diesem Zusammenhang beschreibt Fetzer (2011) auf der Basis qualitativer Analysen vier Merkmale des Schließens und unterscheidet 1) einfache Schlüsse, 2) substanzielle Argumentationen, 3) geringe Explizität sowie 4) verbales und nonverbales Schließen. Einfache Schlüsse enthalten ein Datum und eine Konklusion, nicht aber eine Regel (vgl. Abschn. 3.5.2). Dies kann an der Beispielaufgabe „Suche das Doppelte von 7!" illustriert werden: Die Antwort „14" erfordert einen einfachen Schluss. Datum und Konklusion sind vorhanden. Solche einfachen Schlüsse werden allerdings oft nicht als Argumentation erkannt. Die von Fetzer (2011) beschriebenen substanziellen Argumentationen enthalten eine gewisse Unsicherheit, weil die verwendete Regel nicht alle nötigen Informationen enthält und damit unterschiedliche Regeln möglich wären. Die dritte Art des Schließens, diejenige mit geringer Explizität, bringt es mit sich, dass gewisse Elemente der Argumentation implizit bleiben. Verbales und nonverbales Schließen verweist auf den Umstand, dass gerade jüngere Schülerinnen und Schüler argumentieren, indem sie auf etwas zeigen oder etwas mit Material darstellen, um einen Sachverhalt zu begründen. Zu diesen vier Merkmalen des Schließens liegen aber keine breiten empirischen Befunde vor. Dies dürfte auch damit zusammenhängen, dass sich Fetzer (2011) auf qualitative Analysen bezieht und dass die vier Merkmale teilweise auch unterschiedliche Ebenen betreffen und nicht trennscharf voneinander abgrenzbar sind. Sicher ist aber, dass bei Begründungskompetenzen von Primarschülerinnen und Primarschülern die Fähigkeit, schließen zu können, besonders fokussiert werden müsste.

5.2   Was ist so schwierig am Beweisen?

Beweisen ist nicht nur eine anspruchsvolle Tätigkeit, sondern Beweiskompetenz ist zudem nur bei wenigen Schülerinnen und Schülern bereits vorhanden, weshalb das Beweisen im schulischen Kontext entsprechend spezifische Schwierigkeiten verursacht. Je besser man diese im Einzelnen kennt, desto besser können sie didaktisch gezielt unterstützt werden. Was also ist schwierig am Beweisen? Im Rahmen des vorgestellten Prozessmodells des Beweisens (vgl. Abb. 4.9, Abschn. 4.6) lassen sich verschiedene Prozesse ausmachen, die jeweils einzeln und in der Summe scheitern können. Diese Prozesse betreffen sowohl die Individualebene wie auch die kollektive Ebene der Klasse. Nachfolgend werden zunächst die Schwierigkeiten auf individueller Ebene dargestellt. Es folgen Befunde zu Schwierigkeiten auf Klassenebene.

5.2.1   Schwierigkeiten auf der Individualebene

Gemäß Reiss (2002) lassen sich die Schwierigkeiten, die Lernende beim Beweisen überwinden müssen, in drei verschiedene Arten einteilen. Einmal macht das rationale Begründen in einem mathematischen Problemkontext Schwierigkeiten, weil dieses an sich anspruchsvoll und für viele Lernende auch fremd ist. Eine weitere Schwierigkeit bezieht sich auf das Begründen von mathematischen Zusammenhängen. Und schließlich bereitet auch das Formulieren eines Beweises Probleme, weil dabei höchstmögliche Präzision gefordert ist, die eine große Kenntnis mathematischer Konventionen und Zusammenhänge erfordert und dadurch entsprechendes Fachwissen verlangt. Das bereits vorhandene fachliche Wissen muss beim Beweisen so eingesetzt werden, dass für die aufgestellten Behauptungen eine möglichst fehlerfreie und vollständige Argumentationskette formuliert werden kann. Dieses mathematische Fachwissen ist zwar eine notwendige Voraussetzung, aber noch keine hinreichende (vgl. z. B. Healy und Hoyles 1998).

Betrachtet man das Prozessmodell des Beweisens (vgl. Abb. 4.9, Abschn. 4.6), lassen sich allerdings bereits zu Beginn des Prozesses Schwierigkeiten beschreiben. So ist beispielsweise das Beweisbedürfnis nicht einfach in jedem Fall gegeben, sondern muss oft erst hergestellt werden. Einen mathematischen Sachverhalt zu begründen, ist für Lernende keineswegs offensichtlich oder naheliegend, zumal im schulischen Kontext nur wenig strittig ist oder grundsätzlich infrage gestellt wird.

Schwer fällt es auch zu verstehen, dass bereits ein einziges gefundenes Gegenbeispiel die mathematische Behauptung als Ganze widerlegt (Galbraith 1981). Und nicht nur für jüngere Lernende ist es keineswegs klar, dass einmal bewiesene Sätze keinen erneuten Beweis brauchen, sondern gültig bleiben, wie dies Martin und Harel (1989) auch bei angehenden Lehrpersonen zeigen konnten. Nur wenige Schulabgänger und Schulabgängerinnen verfügen „über die Vorstellung, dass mathematische Vermutungen durch deduktive Begründungen allgemeingültig bewiesen werden können" (Knipping 2003, S. 39). Die Unterscheidung zwischen Behauptung und Voraussetzungen stellt eine weitere spezifische Anforderung dar, die es zu meistern gilt. Auch der Prozess des Schließens kann Schwierigkeiten verursachen.

Reiss et al. (2006) beschreiben drei typische Fehlermuster beim Schlussfolgern: Das erste Fehlermuster betrifft empirische Argumentationen. Dabei wird ausgehend von wenigen Fällen (fälschlicherweise) auf deren Allgemeingültigkeit geschlossen. Das zweite Fehlermuster basiert auf Zirkelschlüssen. Bei diesen wird der zu beweisende Inhalt bereits vorausgesetzt und die Behauptung damit „bewiesen". Ein drittes Fehlermuster bezieht sich auf Schlussketten, die auf Prämissen beruhen, die lediglich aus der Anschauung stammen, aber keine wahren mathematischen Aussagen sind. Diese drei Fehlermuster zeigen sich unabhängig vom Alter der Schülerinnen und Schüler und verdeutlichen, wie schwierig der Prozess des Schließens ist.

Eine weitere grundsätzliche Schwierigkeit stellen die Repräsentation des Denkens und das Formulieren dar. Dies gilt sowohl für das Rezipieren von Beweisen wie für das Konstruieren eigener Begründungen und Beweise. Bei der Rezeption von Beweisen übt die formale Formulierung der Argumente eine hohe Überzeugungskraft aus, unabhängig von deren Korrektheit. Demnach versperrt die formale Formulierung den Blick auf die inhaltlich-semantische Ebene und die algorithmisch-syntaktische wird als korrekt betrachtet, sobald sie formal-symbolisch notiert ist. Das Verbinden der

inhaltlich-semantischen mit der algorithmisch-syntaktischen Ebene fällt vielen Lernenden schwer und bei der Formulierung eigener Argumente erweist sich eine formale Darstellung grundsätzlich als äußerst anspruchsvoll.

5.2.2   Schwierigkeiten auf der Klassenebene

Da ein erheblicher Anteil der Schülerinnen und Schüler des 8. Schuljahres nur einfaches
begriffliches Wissen verfügbar hat und dieses kaum in anspruchsvollen mathematischen
Situationen genutzt werden kann (Reiss et al. 2002), liegt eine weitere Schwierigkeit beim
verfügbaren begrifflichen Wissen. Dieses betrifft einerseits die Individualebene, andererseits aber auch die Klassenebene. Begriffe werden zumeist in einem sozialen Kontext aufgebaut und stellen auch eine Enkulturation in eine fachliche Lerngemeinschaft dar, womit die
Klassenkultur angesprochen wäre. Auf dieser Ebene zeigen sich ebenfalls Einflussgrößen,
die Schwierigkeiten beim Beweisen verursachen können, nämlich die vorhandene Fehlerkultur sowie die Gestaltung des Mathematikunterrichts und insbesondere des Beweisens.

  Weil mathematisches Begründen und Beweisen so anspruchsvoll ist, ist prinzipiell
mit Fehlern zu rechnen. Eine tolerante, positive Fehlerkultur ist deshalb unabdingbar.
Schoy-Lutz (2005) trägt verschiedene Merkmale einer solchen zusammen. Demnach ist
es bedeutsam, dass die Lernenden im Umgang mit ihren Fehlern selbst aktiv werden, dass
sinnvolle Begründungen und Hilfesysteme zur Bearbeitung von Fehlern vorhanden sind
und dass Fehler nicht als Hindernis, sondern als Einblick in den Denkprozess verstanden werden. Diese Merkmale gelten im Besonderen, wenn es darum geht, mathematische
Begründungen zu finden und zu formulieren. Gerade beim Beweisen fällt der Umgang mit
Fehlern aber kaum adaptiv aus, wie dies Heinze und Reiss (2004) eindrücklich belegen.

  Die Unterrichtsgestaltung selbst kann sich auf die Lernenden ebenfalls nachteilig
auswirken. So ortet Reiss (2002) in der vorherrschenden Unterrichtskultur Handlungs-
bedarf, da mathematisches Begründen und Beweisen längst nicht in allen Klassen ihren
festen Bestandteil im Mathematikunterricht haben und es auch nicht überall gegeben
ist, dass Begründen und das Diskutieren von Argumenten eine schulische Routine darstellen. Gerade diese Gewohnheit und dieser niederschwellige Zugang haben aber einen
positiven Einfluss auf die Leistung der Schülerinnen und Schüler. Hinzu kommt, dass
Beweisen sehr häufig nicht durch Phasen eigenständigen Denkens und Arbeitens der
Lernenden charakterisiert ist, sondern meist nur im Rahmen eines mehr oder weniger
eng geführten fragend-entwickelnden Unterrichts stattfindet. Ein solcher erweist sich
aber nicht selten als „besonders hemmend für das Verständnis" (Reiss 2002, S. 26), weil
das Gespräch von der Lehrperson so stark segmentiert wird, dass der größere Zusammenhang eines Beweises vielen Lernenden verborgen bleibt.

  Der fragend-entwickelnde Mathematikunterricht bevorzugt tendenziell Jungen
(Jahnke-Klein 2001; Jungwirth 2005), was dazu führen dürfte, dass Beweisen in der
Tendenz eher von wenigen aktiven Schülern und kaum von Schülerinnen mitgeprägt
wird. Gendereffekte bestehen aber nicht nur im eng geführten, stark segmentierten

fragend-entwickelnden Unterricht, sondern auch in kognitiv anspruchsvoller aktivierenden Unterrichtsgesprächen. So nimmt beispielsweise beim Beweisen (im Zusammenhang mit der Satzgruppe des Pythagoras) mit der Höhe der kognitiven Aktivierung der
Lernenden die Mädchenbeteiligung signifikant ab (Pauli und Lipowsky 2007).

Diese eher allgemein gehaltenen Schwierigkeiten auf Klassenebene lassen sich mit
spezifischen ergänzen. So erweisen sich beispielsweise Beweisphasen als schwierig für
die Lernenden, wenn die Satzfindung vom Beweis getrennt wird (Garuti et al. 1998), weil
dann die Kluft zwischen Satzfindung und Beweis zu wenig sorgfältig überwunden werden kann. Da die Satzfindung sehr oft als kreatives Element der Lehrperson verstanden
wird, bleibt den Lernenden noch das Führen des Beweises, ohne dass sie eine eigene kreative Denkleistung erbringen konnten. Und gerade das Führen eines Beweises ist deutlich
anspruchsvoller als das empirische Suchen nach einem möglichen Zusammenhang.

5.3   Beweisen lehren

Beweisen lernen muss angeregt und unterstützt werden. Da sich mathematisches
Begründen und Beweisen nach dem Prozessmodell des Beweisens (vgl. Abb. 4.9,
Abschn. 4.6) auf der individuellen Ebene des Denkprozesses sowie auf der kollektiven
Ebene des sozialen Rahmens vollziehen, sind Anregung und Unterstützung auf beiden
Ebenen möglich. Damit befasst sich das erste Unterkapitel. Weil das Gespräch beim
Begründen und Beweisen essenziell ist, wird im Besonderen auch auf die didaktische
Kommunikation innerhalb des Klassengesprächs eingegangen. Anschließend folgen ver-
schiedene didaktische Modelle zum systematischen Unterrichten von mathematischem
Begründen und Beweisen.

5.3.1   Beweisen lernen: Anregung und Unterstützung

5.3.1.1   Unterstützen des Denkprozesses

Schülerinnen und Schüler zum Beweisen lernen anzuregen und sie dabei zu unterstützen bedeutet, ihren individuellen Denkprozess sorgfältig zu begleiten sowie auf
ihre möglichen Schwierigkeiten präventiv und beim konkreten Auftreten konstruktiv zu reagieren. Dies beginnt bereits beim ersten Schritt des Beweisens, beim Erzeugen des Beweisbedürfnisses. Lernende sollten grundsätzlich dazu angeregt werden,
„Warum-Fragen" zu mathematischen Zusammenhängen und Mustern zu stellen. So
sollten nicht einfach Regeln oder Sätze gelehrt werden, sondern es sollte in einem
zweiten Schritt auch danach gefragt werden, warum sich etwas so verhält. Warum
funktioniert beispielsweise die Quersummenregel für die Teilbarkeit durch 9? Die
Förderung von „Warum-Fragen" wird als sinnvoller erachtet als das Arbeiten mit
meist konstruierten Zweifeln (Führer 2009), zumal im Mathematikunterricht nur in
den seltensten Fällen eine Strittigkeit bezüglich eines Sachverhalts besteht. Es geht

also weniger um das Entscheiden einer Strittigkeit, sondern um das Beantworten von
Fragen nach Gesetzmäßigkeiten und Zusammenhängen, nach deren Beschreibung
und Begründung.

Wenn es für Schülerinnen und Schüler schwierig ist, zu verstehen, dass ein einziges
Gegenbeispiel die Allgemeingültigkeit eines Zusammenhangs widerlegt und dass auf der
anderen Seite ein einmal bewiesener Satz für immer gültig ist, dann sind gerade diese
beiden Charakteristika herauszustreichen. Bedeutsam ist deshalb auch, dass Schülerinnen und Schüler substanzielle Erfahrungen mit dem Überprüfen der Allgemeingültigkeit
von Aussagen machen können (vgl. Jahnke 2008). Hinzu kommt, dass das Konzept der
Allgemeingültigkeit keineswegs vorausgesetzt, sondern thematisiert, geklärt und aufgebaut werden muss.

Die Unterscheidung in Behauptung und Voraussetzung eröffnet eine weitere wichtige
Unterstützungsmöglichkeit. Dabei muss herausgearbeitet werden, inwiefern sich diese
beiden Bestandteile voneinander unterscheiden, welche Bedeutung sie jeweils für einen
Beweis haben und wie sie zusammenhängen. Dies erfordert nicht zuletzt beachtliches
begriffliches und fachliches Wissen, das nicht immer schon vorhanden ist und deshalb
zur Verfügung gestellt oder zuvor erarbeitet werden muss. Das gilt ebenso für die verwendeten Metaphern, deren Bedeutung geklärt werden muss. Es geht deshalb um eine
inhaltliche Bearbeitung auf inhaltlich-semantischer Ebene, bevor eine Formulierung auf
algorithmisch-syntaktischer Ebene erfolgt. Liegt eine solche vor, ist es nötig, sie wiederum mit inhaltlicher Bedeutung zu füllen, um eine nachvollziehbare Brücke zwischen
Semantik und Syntaktik herzustellen (vgl. Abschn. 2.2.5).

Schließlich bereitet der Prozess des Schließens mit seinen drei spezifischen Fehler-
mustern Schwierigkeiten (vgl. Abschn. 5.2.1). Auch dem kann gezielt entgegengewirkt
werden. Dabei ist es fruchtbar, empirische Argumentationen in ihrer beschränkten und
lokalen Gültigkeit zu verorten. Das Vermeiden eines Zirkelschlusses gelingt dann besser,
wenn Voraussetzung und Behauptung voneinander getrennt werden können. Und das
Konstruieren von Schlussketten, die auf Prämissen beruhen, die wahr sind und nicht nur
auf unmittelbarer Anschauung beruhen, setzt ein Verständnis von logischem Schließen
voraus. Dabei geht es auch um das Erkennen und das Bearbeiten des Unterschiedes zwischen Wahrheit und Gültigkeit (vgl. Abschn. 2.2.3).

Weiter bereitet der Prozess des Formulierens Schwierigkeiten. Dieser kann einerseits dadurch unterstützt werden, dass verschiedene Formen der Formulierung als
zulässig erachtet werden, z. B. auch sprachlich-symbolische und nicht nur formal-
symbolische, und andererseits durch das Einfordern hinreichender Strenge und nicht
absoluter Strenge (vgl. Abschn. 2.2.2). Hinreichende Begründungen sind für Lernende
in vielen Phasen fruchtbarer, weil sie es ermöglichen, auf hohe Formalisierung zu ver-
zichten und inhaltsnah und anschaulich zu argumentieren. Eine hoch formalisierte
Formulierung wird nämlich „erst dann zu einem wichtigen Kommunikationsmedium,
wenn die informelle Vermittlung des mathematischen Wissens nicht mehr möglich
ist" (Heintz 2000, S. 274). Anschauliches, inhaltliches und operatives Arbeiten sollte
demnach vor dem formalen erfolgen. In diesem Zusammenhang erweist sich auch das

genetische Beweisen (vgl. Abschn. 2.5.4) als sinnvoll und unterstützend, weil dort mit zunehmender Abstrahierung und fortschreitender Formalisierung gearbeitet werden kann.

Fischer und Malle (2004) empfehlen, Beweisen durch gezielte Vorübungen zu lehren und zu lernen. So schlagen sie vor, durch verschiedene Übungen einzelne Aktivitäten zu fördern, z. B. das Unterscheiden von Sätzen und Definitionen, das Begründen von Einzelschritten beim Lösen von Aufgaben, das Üben von logischem Schließen an verschiedenen Inhalten oder das Verwenden von Variablen zur Beschreibung, Verallgemeinerung und Begründung von Sachverhalten. Diese Vorübungen münden dann in die Arbeit mit bereits vorliegenden, fertigen Beweisen, die es ganz oder teilweise wiederzugeben gilt oder die ganz oder in einzelnen Teilen analysiert werden. Erst in einem weiteren, dritten Schritt werden Beweise selbst erarbeitet. Und auch dafür stehen verschiedene Hilfsmittel zur Verfügung, beispielsweise indem Analogiebeweise zu bereits bekannten entwickelt werden, indem Fallunterscheidungen vorgenommen werden, indem ein Beweis verallgemeinert wird oder indem ein Beweis auf ein eng begrenztes Stoffgebiet übertragen wird.

5.3.1.2 Unterstützen im Gespräch

Weil sich Begründen und Beweisen im sozialen Kontext abspielen und die fachliche Gemeinschaft über die Akzeptanz der vorgebrachten Argumente entscheidet, ist auch Unterstützung auf der Ebene des Diskurses sinnvoll. Eine solche besteht im Aufbau eines produktiven Klimas und eines minimalen fachlichen Konsenses als Voraussetzung für produktives Argumentieren in diskursiven Situationen. Des Weiteren kann das Gespräch über die Partizipationsmöglichkeiten der Lernenden sowie über die Gestaltung des Klassengesprächs erfolgen.

Als Erstes sollte ein günstiges, produktives Klima zum Argumentieren vorhanden sein oder aufgebaut werden. Ein solches wird von Andriessen und Schwarz (2009, S. 145) mit vier Merkmalen charakterisiert: 1) Verschiedene Argumente werden vorgebracht oder im Rahmen der Diskussion herausgefordert. 2) Die Personen, die am Argumentationsprozess beteiligt sind, nutzen die Argumente, die während des Prozesses und des Diskurses entwickelt werden, für die nachfolgenden Aktivitäten. 3) Die Teilnehmenden der Diskussion beziehen sich konstruktiv auf Aussagen anderer Teilnehmender und der Peers. 4) Alle Teilnehmenden beteiligen sich aktiv an der Diskussion. Diese Merkmale sind weniger eine Anleitung zum Aufbau eines produktiven Begründungsklimas als eine Beschreibung der Zielsetzung. Gleichwohl können diese vier Merkmale eines produktiven Begründungsklimas genutzt werden, um die Gesprächssituation daran zu messen und diese zu optimieren.

Für produktives Begründen und Beweisen ist zudem eine fachliche Basis zur Bedeutungsaushandlung nötig, auf der geteiltes Verständnis erzeugt werden kann, um einen minimalen fachlichen Konsens im Sinne von geteiltem mathematischem Wissen als eine Voraussetzung und Zielsetzung des Beweisens zu erreichen (vgl. Andriessen und Schwarz 2009). Das geteilte mathematische Wissen bezieht sich sowohl auf zentrale fachliche Konzepte als auch auf spezifische Vorgehensweisen. Die zentralen Konzepte können dabei durchaus in Begriffen verdichtet vorliegen. Für dieses geteilte mathematische Wissen im Sinne fachlicher Voraussetzungen muss die Lehrperson ebenfalls sorgen. Dies kann auch in einem vorbereitenden Sinne geschehen, indem sie zuerst die zentralen fachlichen Konzepte und Begriffe, die benötigt werden, im gemeinsamen Gespräch klärt und so die geteilte Bedeutung zum Problemkontext auch tatsächlich sicherstellt.

Wie die vorangehenden Ausführungen gezeigt haben, haben Lehrpersonen in der Förderung eines begründenden Diskurses unterschiedliche Aufgaben und Funktionen. Yackel (2002) beschreibt in diesem Zusammenhang unterschiedliche Rollen: 1) Das Initiieren von Aushandlungsprozessen von Klassennormen, 2) das Fördern von Argumentation als Kern mathematischer Aktivität, 3) das Unterstützen der Schülerinnen und Schüler, sodass sie mit anderen interagieren und ein kollektives Argument entwickeln, und 4) argumentative Unterstützung durch Herausschälen der Struktur des Arguments, um die Argumentation anzureichern. Die beiden ersten Rollen oder Funktionen beziehen sich auf die Förderung eines produktiven Begründungsklimas, während sich die dritte auf Aspekte der geschickten Gesprächsführung mit Fokus auf die Förderung der Partizipation aller Beteiligten bezieht. Die vierte Funktion hingegen bezieht sich auf die Unterstützung des individuellen Denkens, das in einem kollektiven Rahmen genutzt werden kann (vgl. Abschn. 5.3.1.1). Gerade die Förderung der Partizipation aller Beteiligten stellt hohe Anforderungen an die Lehrpersonen und ist beim Begründen und Beweisen unabdingbar, weil der Lerngemeinschaft die Validierung der Argumente obliegt. Die fachliche Lerngemeinschaft und der kollektive Prozess sind deshalb sehr bedeutsam. Diesen Prozess beschreibt Neubrand (1989, S. 6) für Mathematiker und Mathematikerinnen folgendermaßen:

> The process of acceptance of a proof by the community of mathematicians is initiated by the proposal of a convincing argument by an accepted member of the mathematical community, and by a careful check of the argumentation by the experts in that field. But then the existence of some combinations of the understanding-, significance-, compatibility-, reputation- and language-factors is necessary to ensure the final acceptance of the proof.

Die besondere und damit die von der Beschreibung bei Neubrand (1989) verschiedene Situation der Schule besteht darin, dass die fachliche Gemeinschaft, die die vorgebrachten Argumente validieren soll, keine Community von Expertinnen und Experten darstellt, sondern eine von Novizinnen und Novizen. Die einzige Person, die im weitesten Sinne Expertenstatus für sich beanspruchen kann, ist die Lehrperson. Damit wird auch klar, dass die Gesprächssituation beim schulischen Begründen und Beweisen fundamental verschieden ist von derjenigen in der Fachwelt von Expertinnen und Experten. Im schulischen Kontext ist von einem Gefälle zwischen Lehrperson und Schülerinnen und Schülern auszugehen. Diese Situation beeinflusst den

Begründungs- und Validierungsprozess entscheidend. Dass die Beteiligung der Schülerinnen und Schüler am Vorgang des Beweisens bzw. am Unterrichtsgespräch während der Validierungsphase empirisch eher als gering eingeschätzt werden muss (z. B. Heinze 2004), dürfte unter anderem damit zusammenhängen. Reiss und Heinze (2005) machen dafür zudem den stark verbreiteten fragend-entwickelnden Unterricht verantwortlich, der zu stark segmentierten Gesprächen führt.

Es muss deshalb gelingen, unter Berücksichtigung der besonderen Rolle der Lehrperson diskursive Gesprächsstrukturen zu etablieren und alle Beteiligten zu aktiv Partizipierenden zu machen. Dies kann beispielsweise über die Art der gestellten Aufgabe geschehen. Von offenen Aufgaben, die unterschiedlich bearbeitet und deren Lösungen und Vorgehensweisen auch unterschiedlich begründet werden können, ist eine solche Förderung zu erwarten (z. B. Klieme et al. 2001), weil damit generell ein diskursiver Unterricht angeregt wird, da die Schülerinnen und Schüler verständnisorientiert und selbst aktiv zur Problemlösung beitragen und ihre Überlegungen anschließend auch präsentieren und zur Diskussion stellen. Gerade solche Situationen tragen dazu bei, dass Bedeutungen ausgehandelt und geteilte Bedeutung im Sinne eines minimalen Konsenses entwickelt werden können. Dadurch werden Lernende zu mitproduzierenden, mitverantwortlichen Teilnehmenden am ko-konstruktiven Prozess (vgl. Greeno 2006) des Generierens, Hinterfragens und Evaluierens von Überlegungen, Ideen, Lösungen und Strategien. Eine solche Perspektive lohnt sich auch für andere Bereiche des fachlichen Lernens, nicht nur beim Begründen und Beweisen, sondern beispielsweise auch beim Problemlösen:

> Becoming a good mathematical problem solver – becoming a good thinker in any domain – may be as much a matter of acquiring the habits and dispositions of interpretation and sense-making as acquiring any particular set of skills, strategies, or knowledge. (Resnick 1989, S. 165)

Es geht also um Enkulturation und Partizipation aller Schülerinnen und Schüler am gemeinsamen Problemlöseprozess und am fachlichen Diskurs. Partizipation der Lernenden steht allerdings im Spannungsfeld zwischen Teilsein und Teilnehmen (vgl. Markowitz 1986). Teilsein zielt auf die rezeptive Seite ab, während Teilnehmen die aktive bezeichnet. Deshalb sind bei der Partizipation diese beiden Aspekte zu berücksichtigen. In diesem Zusammenhang wird in der Literatur von unterschiedlichen Partizipationsspielräumen und Partizipationsprofilen gesprochen (z. B. Brandt 2004; Krummheuer und Brandt 2001; Krummheuer und Fetzer 2005) und es werden sowohl Rezipienten- wie auch Produzentenrollen konzipiert. Für die Lernunterstützung beim Begründen und Beweisen bedeutet dies konkret, dass Lernende am Beweisprozess beteiligt werden sollten, und zwar durch Teilsein und Teilnehmen, also in der rezeptiven und in der produzierenden, aktiven Rolle. Während die rezeptive Rolle der Teilnehmenden keiner besonderen Förderung bedarf, sondern beim Beweisen sowieso schon sehr verbreitet ist (vgl. Heinze 2004), gilt es, die produzierende, aktive Rolle der Schülerinnen und Schüler gezielt zu fördern. In diesem Zusammenhang hat sich das Konzept der kognitiven Aktivierung als besonders fruchtbar erwiesen. Kognitive Aktivierung bedeutet, Gelegenheiten für bedeutungsvolles Lernen zu schaffen und den Schülerinnen und Schülern dadurch auf der Grundlage von substanziellen, anspruchsvollen Aufgaben- und Problemstellungen eine eigenständige und kooperative Auseinandersetzung mit mathematischen Inhalten zu ermöglichen. Diese Gelegenheitsstrukturen betreffen sowohl die Art der Aufgabenstellungen und die Arbeitsformen wie auch den fachlichen Diskurs. Es geht darum, zum Denken generell und zum kognitiven Durchdringen von Strukturen, Zusammenhängen und Begriffen anzuregen, und weniger darum, bekannte Routinen oder Prozeduren einzufordern. Kognitive Aktivierung ist aber keine Unterrichtsform, sondern muss immer inhaltsbezogen ausgestaltet sein (vgl. Waldis et al. 2010) und die unmittelbaren Lerninhalte fokussieren. Kognitive Aktivierung im Gespräch kann beispielsweise durch herausfordernde fachliche Fragen oder Impulse vonseiten der Lehrperson initiiert werden.

Da Begründen und Beweisen an sich kognitiv schon sehr anspruchsvolle Tätigkeiten sind, kann die kognitiv aktivierende Gesprächsführung auch eine strukturierende und hinführende Funktion aufweisen, indem beispielsweise zum Vergleichen von Argumenten aufgefordert wird, indem angeregt wird, Unterschiede oder Unstimmigkeiten zwischen Argumenten zu suchen, Grenzfälle zu prüfen, eine Behauptung mit einem Beispiel zu belegen oder Gegenbeispiele zu generieren, oder indem ein kognitiver Konflikt erzeugt wird. Zudem erfordern auch Phasen von selbstständiger und/oder kooperativer Arbeit der Schülerinnen und Schüler entsprechende Lernunterstützung (vgl. Krammer 2009; Leiss 2007). Auch diese erfolgt im Dialog zwischen Lehrperson und (einzelnen) Lernenden.

5.3.1.3 Didaktische Kommunikation und Klassengespräch

Nicht nur eine gezielte Unterstützung im Gespräch, beispielsweise mittels kognitiv aktivierender Fragen und Impulse, ist bedeutsam, sondern auch die sorgfältige Gestaltung der didaktischen Kommunikation. Dabei gilt es, sowohl die Gesprächsführung sowie die Partizipationsmöglichkeiten für die Schülerinnen und Schüler in den Blick zu nehmen. Gerade weil der fragend-entwickelnde Unterricht seit dem Beschreiben des engen I-R-E-Musters, des interaktionalen Dreischritts „Initiation – Reply – Evaluation" (Mehan 1979), als Zerrbild in der Kritik steht und u. a. auch für fehlende Kompetenzen beim Beweisen verantwortlich gemacht wird (z. B. Reiss und Heinze 2005), gilt es, das Klassengespräch besonders sorgfältig zu betrachten. Denn Beweisen als diskursiv angelegter Prozess erfordert zwingend ein Gespräch. Der fragend-entwickelnde Unterricht ist in diesem Zusammenhang nach wie vor auch und gerade beim Beweisen dominierend, wenngleich nicht bei jedem Beweistyp im gleichen Ausmaß (Brunner 2013).

In der Literatur zur didaktischen Kommunikation lassen sich im Wesentlichen zwei bedeutsame theoretische Perspektiven finden, nämlich diejenige von Aebli (2003) zum problemlösenden Aufbau, dem eine konstruktivistische Sicht zugrunde liegt, und diejenige soziokonstruktivistischer Ansätze. Die erste Theorierichtung fokussiert im Wesentlichen den geschickten Aufbau von Wissenserwerb und Wissenskonstruktion, die zweite die Enkulturation bzw. das Hineinwachsen der Lernenden in eine fachliche Gemeinschaft als vollwertige, kompetente Mitglieder. Aus der ersten Perspektive ist die Qualität des Dialogs insbesondere auch durch die Qualität seiner Fachlichkeit und die Qualität der gestellten Frage(n) und deren Potenzial zur kognitiven Aktivierung der Lernenden gegeben (vgl. Klieme et al. 2009; Rosenshine 2009), während die zweite theoretische Perspektive die Qualität im Gelingen der Enkulturation sieht und damit Partizipationsstrukturen, die Artikulation der Inhalte sowie das Erreichen von geteilter Bedeutung und von soziomathematischen Normen (vgl. Yackel und Cobb 1996) ins Blickfeld nimmt. Die beiden Aspekte der Partizipation – Teilsein und Teilnehmen – werden deshalb in den beiden theoretischen Perspektiven unterschiedlich akzentuiert.

Die Gestaltung eines Klassengesprächs ist unabhängig von der grundgelegten theoretischen Perspektive hoch anspruchsvoll, verlangt es doch auf inhaltlicher Ebene von den Lehrpersonen, die „Problemlöseschritte auf ein intendiertes (und den Lernenden oft verborgenes) Resultat hin zu steuern" (Klieme et al. 2001, S. 45) und gleichzeitig die Ideen der Schülerinnen und Schüler aufzunehmen, zu strukturieren und flexibel einzubeziehen. Hinzu kommen emotionale, soziale und motivationalen Aspekte, welche die Lehrperson als moderierende Gesprächsführerin ebenfalls im Auge behalten muss. Dadurch läuft das Unterrichtsgespräch Gefahr, „den intendierten, argumentativen und logisch stringenten Charakter" (Klieme et al. 2001, S. 46) zu verlieren. Deshalb lassen sich in Unterrichtsstudien zahlreiche Beispiele finden, die wenig gelungen sind (Klieme und Thussbas 2001; Reusser und Pauli 2003). Dennoch sollte auch das Potenzial von Klassengesprächen berücksichtigt werden, das in Best-Practice-Studien durchaus gefunden werden kann (z. B. Lampert und Cobb 2003; Leinhardt und Steele 2005). Diesen zufolge ist es auch in Klassengesprächen möglich, den Lernenden beim Generieren von Ideen und Lösungen und beim Diskutieren, Begründen und Evaluieren von Lösungen und Vorgehensweisen eine aktivere Rolle zu übertragen (siehe auch Beispiel in Kap. 6).

Das Potenzial von Klassengesprächen beschreibt Pauli (2006) anhand von drei Beispielen. Sie nennt an erster Stelle das Scaffolding im Rahmen eines Klassengesprächs, das die gezielte Unterstützung des Lernprozesses der Schülerinnen und Schüler durch eine Art Gerüst von kognitiv aktivierenden Impulsen, Fragen und konkreten Hilfestellungen bezeichnet. Des Weiteren beschreibt sie einen konstruktiven Umgang mit Beiträgen der Schülerinnen und Schüler und schlägt schließlich die Entwicklung einer Diskurskultur vor, indem sie auf die Perspektive des situierten Lernens verweist, das auf eine soziale Verankerung des Lernens abzielt und dadurch Enkulturation erreichen möchte. Zentral ist in allen drei Beispielen, dass die Schülerinnen und Schüler aus der eher passiven Rolle der Stichwort- und Antwortgebenden herausgeholt und stärker als gleichberechtigte und mitverantwortliche Gesprächsteilnehmende betrachtet werden. Dazu gehört, dass sie aktiv Lösungsvorschläge generieren, substanzielle Ideen einbringen und diese auch elaborieren können und dass sie ihre Überlegungen nicht nur äußern, sondern auch begründen und gegenüber geäußerten Vorschlägen begründet Stellung beziehen (lernen). Beim Begründen und Beweisen kommt hinzu, dass sie die Qualität eines vorgebrachten Arguments prüfen und seine Stichhaltigkeit beurteilen können sollten.

Als Zielsetzung gilt hier der partnerschaftliche Dialog oder in den Worten von Greeno (2006, S. 538): „authoritative and accountable positioning". Dieses ist durch drei Verantwortlichkeiten aller Beteiligten gekennzeichnet: 1) Verantwortlichkeit gegenüber der Lerngemeinschaft, 2) Verantwortlichkeit gegenüber dem Wissen, d. h. gegenüber der fachlichen Korrektheit des Inhalts, und 3) Verantwortlichkeit bezüglich eines kohärenten und stringenten Denkens.

Mathematische Beweis- und Begründungsprozesse verlangen eine Berücksichtigung kommunikativer Aspekte und der Positionierung im Gespräch. Zudem geht es um den Erwerb einer spezifischen mathematischen Kompetenz. Nötig ist deshalb ein Ausbalancieren zwischen Fachlichkeit und Sozialem im Sinne der oben beschriebenen drei Verantwortlichkeiten. Hinzu kommt, dass die Gesprächsführung auch in Abhängigkeit von den Voraussetzungen der Lernenden erfolgen muss. Partizipation setzt nicht nur einen minimalen fachlichen Konsens innerhalb der Gruppe voraus, sondern ebenso sehr fachliches Basiswissen. Deshalb muss die Gestaltung des Gesprächs in einem adaptiven Sinne erfolgen und je nach Vorwissen und Kenntnisstand der Gruppe stärker oder weniger stark geführt werden. Aus diesem Grund ist es müßig, die Qualität des Gesprächs zu beurteilen, ohne den Wissensstand der Klasse oder den kognitiven Anspruch des zu bearbeitenden Inhalts zu berücksichtigen.

Lehrerinnen und Lehrer haben damit bei Begründungs- und Beweisprozessen einerseits eine inhaltliche und andererseits eine kommunikative Aufgabe. Sie übernehmen sowohl Gestaltungs- wie auch Steuerungsfunktionen und begleiten und unterstützen den Prozess inhaltlich und kommunikativ. Diese hohe Anforderung macht eine sorgfältige Planung von Begründungs- und Beweisphasen im Unterricht unabdingbar. Deshalb werden im nächsten Kapitel didaktische Modelle zur Gestaltung von Beweisphasen vorgestellt.

5.3.2 Didaktische Modelle zum Lehren von Beweisen

In der mathematikdidaktischen Literatur lassen sich zahlreiche, teils sehr unterschiedliche Modelle und Konzepte zum Unterrichten von Beweisen bzw. zur Gestaltung von Beweisphasen finden. Im Rahmen dieses Kapitels wird auf deren drei fokussiert, die besonders geeignet für das Erlernen von Begründen und Beweisen und den Aufbau einer argumentativen Begründungskultur sind und die gleichzeitig einen relativ breiten Einsatzbereich aufweisen, da sie für verschiedene Aufgabentypen verwendet werden können. Zudem unterscheiden sie sich markant voneinander und zeigen damit ein breites didaktisches Spektrum auf.

Vorgestellt wird zunächst der Ansatz „Beweisen lernen nach dem Vorbild von Expertinnen und Experten", danach derjenige, der auf unterschiedlichen Vorgehensweisen und Vorübungen beruht, und schließlich folgt das Konzept des Beweisenlernens durch eine Stufung von Beweistypen bzw. ein genetisches Vorgehen entlang des präsentierten Prozessmodells des schulischen Beweisens (vgl. Abschn. 4.6). Bei den ersten beiden

Ansätzen geht es um den Erwerb wissenschaftlichen Arbeitens, beim dritten hingegen liegt der Fokus auf unterschiedlich repräsentierten Formen des Denkens und auf Beweistypen.

5.3.2.1 Ein Phasenmodell

Ausgerichtet am Beweisen, wie es bei Expertinnen und Experten beobachtet werden kann (vgl. auch Abschn. 4.3.2), schlägt Reiss (2002) vor, diese Schritte als ein Modell zum Beweisen lernen und lehren im Sinne von spezifischen Bearbeitungshilfen zu nutzen (Reiss und Ufer 2009, S. 162):

1) Finden einer Vermutung aus dem mathematischen Problemfeld heraus.
2) Formulierung der Vermutung nach üblichen Standards.
3) Exploration der Vermutung mit den Grenzen ihrer Gültigkeit; Herstellen von Bezügen zur mathematischen Rahmentheorie; Identifizieren geeigneter Argumente zur Stützung der Vermutung.
4) Auswahl von Argumenten, die sich in einer deduktiven Kette zu einem Beweis organisieren lassen.
5) Fixierung der Argumentationskette nach aktuellen mathematischen Standards.
6) Annäherung an einen formalen Beweis.
7) Akzeptanz durch die mathematische Community.

Dabei sind die sieben Phasen nicht zwingend in der vorgegebenen Reihenfolge zu durchlaufen, sondern es können immer wieder Schleifen auftreten. Als bedeutsam erachten Reiss und Ufer (2009), dass ein häufiger Wechsel zwischen diesen Phasen erfolgt. Festzuhalten ist ferner, dass die siebte Phase, die das ursprüngliche Modell von Boero (1999) ergänzt, einen zumindest vorläufigen Abschluss markiert und im schulischen Kontext meist von der Lehrperson durchgeführt wird. Dennoch können diese einzelnen Phasen eines idealtypischen Prozesses als Bearbeitungshilfen verstanden und für das schulische Beweisen entsprechend angepasst werden. So haben in der ersten Phase, wenn es darum geht, eine Vermutung zu entwickeln, gerade auch induktive Vorgehensweisen ihren Platz. Die zweite Phase kann dann als ordnender Schritt verstanden werden, bei dem die Vermutung formuliert wird. Dies ist – je nach Voraussetzungen der Schülerinnen und Schüler – formal-symbolisch (vgl. Abschn. 4.4.4) oder sprachlich in Alltagssprache oder in wissenschaftlichen Begriffen (vgl. Abschn. 4.4.3) – möglich. Ziel dieser zweiten Phase ist es, die Vermutung möglichst präzise zu formulieren und im nächsten Schritt bezüglich ihrer Voraussetzungen zu klären. In dieser dritten Phase erfolgen Bezüge zu mathematischen Konzepten und Zusammenhängen, Voraussetzung und Behauptung werden voneinander unterschieden, Grenzen der Vermutung werden ausgelotet, um mögliche Argumente zu finden, die einen vermuteten Zusammenhang klären und begründen. Das Feld der Möglichkeiten ist während dieser Phase im Prinzip aber noch offen, während es in der vierten Phase darum geht, Argumente zu bewerten, gegeneinander abzuwägen, sie zu ordnen und in eine Reihenfolge zu bringen. Dies ist der entscheidende inhaltliche

Schritt beim Beweisen einer Behauptung. Hier wird die Struktur durchschaut und ein Zusammenhang erkannt, eine Lösungsidee entwickelt oder ein zündender Gedanke erscheint. In der fünften Phase geht es dann darum, die Erkenntnis auch in einer verständlichen und plausiblen Reihenfolge zu formulieren, wobei auch hier unterschiedliche Möglichkeiten für die Repräsentation des Denkens vorliegen. Die sechste Phase bezieht sich auf die formal-symbolische Darstellung eines deduktiven Beweises und bezeichnet damit eine weitere Stufe der präzisen Formulierung, bevor der formulierte Beweis schließlich der Lerngemeinschaft präsentiert und die Argumentation von dieser geprüft und validiert wird. Für jede dieser einzelnen Phasen gilt dabei grundsätzlich, dass sie von der Lehrperson didaktisch geschickt angeregt, herausgefordert und unterstützt werden kann.

5.3.2.2 Zunehmende Anforderungen

Beweisen lernen über eine stete Zunahme der Anforderungen schlagen Fischer und Malle (2004) mit ihrem Ansatz vor. Dabei wird zuerst mit gezielten Vorübungen von Einzelaktivitäten am Beispiel vorhandener Beweise begonnen, bevor einzelne Teile selbst konstruiert werden. Für die weitere Arbeit werden dann auf dieser Basis verschiedene methodische Zugänge und Vorgehensweisen empfohlen. In diesem didaktischen Modell wird zwischen einem eher rezipierenden und einem konstruktiven Vorgehen unterschieden, was durchaus Vorteile haben kann, aber auch mit gewissen Nachteilen behaftet ist, zumal eine Integration von rezeptivem und konstruktivem Verständnis nicht automatisch erfolgt.

An Vorübungen zu Einzelaktivitäten schlagen Fischer und Malle (2004, S. 192f.) deren fünf vor: 1) Unterscheiden von Sätzen und Definitionen, 2) Begründen von Einzelschritten beim Lösen von Aufgaben, 3) Übungen in logischen Schlussweisen an mathematischen und außermathematischen Inhalten, 4) zusammenfassende Darstellungen der Lösungen von Aufgaben und 5) Verwendung von Variablen zur Beschreibung, Verallgemeinerung und Begründung von Sachverhalten. Diese fünf Vorübungen zu Einzelaktivitäten nehmen zwar den ganzen Beweisprozess in den Fokus, haben aber den Vorteil, dass sie lokal und beschränkt in verschiedenen Aufgabenstellungen immer wieder geübt werden können und nicht zwingend entsprechende Begründungs- und Beweisaufgaben benötigen. Ein möglicher Nachteil liegt demgegenüber im zu leistenden Transfer und in der Integration dieser einzelnen, voneinander losgelöst geübten Einzelaktivitäten im Sinne eines ganzen Beweisprozesses.

Nach diesen Vorübungen durch Einzelaktivitäten sehen es Fischer und Malle (2004, S. 194ff.) als sinnvoll an, zunächst mit vorliegenden, d. h. fertigen Beweisen zu arbeiten. Sie nehmen damit auch hier eine Beschränkung vor, indem sie primär auf die rezeptive Seite fokussieren. Für diesen Zugang schlagen sie ebenfalls verschiedene Möglichkeiten vor: 1) Wiedergabe eines Beweises oder von Teilen eines Beweises, 2) Analyse eines Beweises oder von Teilen eines Beweises und 3) kritische Betrachtung eines Beweises oder Teilen davon. Dabei ist die erste Möglichkeit nicht ausschließlich als Wiedergeben von Auswendiggelerntem gedacht, obwohl dies prinzipiell möglich ist. Vielmehr wird darunter auch verstanden, dass die Schülerinnen und Schüler einen Beweis entweder in eigenen Worten, im Zusammenhang mit einem Beweis mit veränderter Bezeichnung oder anhand einer veränderten Darstellung wiedergeben sollen. Wer schon erlebt hat, welch große Schwierigkeiten es Lernenden der Sekundarstufe I bereiten kann, die Anwendung des Satzes des Pythagoras zu erkennen, wenn das rechtwinklige Dreieck „auf dem Kopf", also mit dem rechten Winkel nach unten steht oder wenn die beiden Katheten nicht wie gewohnt mit a und b bezeichnet sind, weiß, dass dieser erste Vorschlag von Fischer und Malle (2004) gar nicht so trivial ist, wie er möglicherweise auf den ersten Blick erscheinen mag. Bei der zweiten Möglichkeit, der Analyse eines Beweises oder von Teilen davon, geht es um das Darlegen der Beweisstruktur. Es sollen Voraussetzungen, Behauptung, wichtigste Beweisschritte in ihrer Reihenfolge sowie die Art des Schließens identifiziert werden. Die dritte Möglichkeit verlangt beispielsweise das Suchen von Beweislücken, formale Präzisierungen oder das Erkennen unzulänglicher Schlussweisen. Damit ist für diese dritte Möglichkeit die Arbeit an berühmten und/oder korrekten Beweisen kaum geeignet, auch wenn das Fischer und Malle (2004) nicht explizit ausführen.

Schließlich folgt nach der Arbeit mit fertigen Beweisen als dritter Schritt das „Finden und Erarbeiten von Beweisen" (Fischer und Malle 2004, S. 198). Dabei geht es um eine Vielzahl verschiedener methodischer Zugänge, die auf die konstruktive und produzierende Seite des Prozesses abzielen. Die beiden Autoren nennen dabei folgende Möglichkeiten (Fischer und Malle 2004, S. 199ff.): 1) das Führen von Analogiebeweisen zu bereits bekannten (vorgegebenen) Beweisen, 2) den Nachweis einzelner Fälle bei einem Beweis mit Fallunterscheidungen, 3) die Verallgemeinerung eines Beweises, 4) die Erarbeitung eines Beweises durch Aufgaben oder Aufgabensequenzen, 5) das Führen von Beweisen in einem eng begrenzten Stoffgebiet, die nach einem bekannten Muster ablaufen, 6) das Führen von Beweisen durch Kombination bekannter Beweismuster in einem Stoffgebiet, in dem das Muster bereits verwendet wurde, 7) das Führen von Beweisen durch Anwenden eines bekannten Beweismusters in einem Stoffgebiet, in dem das Muster noch nicht verwendet wurde, und 8) das Schließen von Beweislücken nach Vorgabe eines Beweisganges durch die Lehrperson. In diesen acht verschiedenen methodischen Möglichkeiten ist unschwer eine Zunahme der Anforderungen zu erkennen.

5.3.2.3 Beweisen lernen auf der Basis eines Prozessmodells

Das dritte didaktische Modell zum Beweisen lernen und lehren bezieht sich auf das bereits präsentierte Prozessmodell des schulischen Beweisens (vgl. Abschn. 4.6) und berücksichtigt sowohl die individuellen kognitiven als auch die kollektiven Prozesse. Demnach geht es zunächst darum, innerhalb eines diskursiven Rahmens ein Beweisbedürfnis zu schaffen, sei dies durch eine Behauptung oder durch eine geeignete Aufgabe, die auf das Beantworten einer Warum-Frage abzielt. Ist ein Beweisbedürfnis erzeugt worden, gilt es, angemessene Strategien zu wählen und anzubieten, mit deren Hilfe das Beweisbedürfnis befriedigt und Gewissheit erlangt werden kann. Dies kann didaktisch unterschiedlich gestaltet werden, beispielsweise indem die Schülerinnen und Schüler zunächst angeregt werden, selbst Beispiele zu generieren und daran die zu überprüfende Behauptung zu validieren oder zu falsifizieren. Es wird also anhand von Beispielen

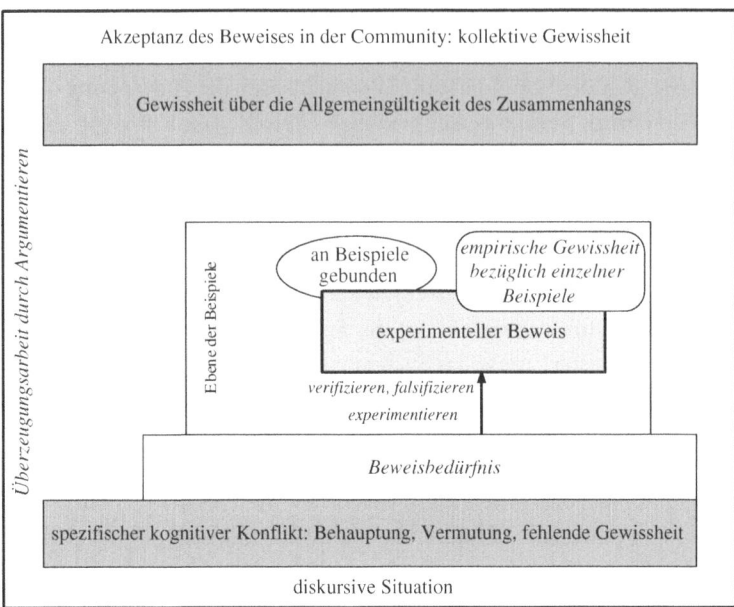

Abb. 5.1 Prozess des schulischen Beweisens: experimentelle Phase

experimentiert. Das Ergebnis dieses Prozesses wird in der Lerngemeinschaft zur Diskussion gestellt, wodurch eine öffentliche Validierung stattfindet (vgl. Abb. 5.1). Dabei wird festgestellt, dass zwar Aussagen über die jeweils geprüften Beispiele getroffen werden können, nicht aber darüber, ob das Gefundene zwingenderweise und immer gilt. Auf diese Weise wird herausgearbeitet, dass noch keine Gewissheit bezüglich der Allgemeingültigkeit der Behauptung erlangt worden ist. Diese Tatsache erzeugt im günstigsten Fall erneut ein Beweisbedürfnis und setzt den Prozess fort.

So kann die fehlende Gewissheit bezüglich der Allgemeingültigkeit, die nach der experimentellen Arbeit an Beispielen weiterhin besteht, in einem weiteren Schritt zu einem systematischen Untersuchen der vorhandenen Struktur auf inhaltlich-semantischer Ebene führen. Dabei geht es darum, im Einzelnen zu verstehen, wie eine mathematische Struktur aufgebaut ist. Dies kann von der Lehrperson angeregt und unterstützt werden, indem sie die einzelnen Verstehenselemente (vgl. Abschn. 4.5), welche die Behauptung enthält, in den Fokus rückt und mit den Schülerinnen und Schülern bearbeitet. Einsicht in den Aufbau einer mathematischen Struktur kann in diesem Stadium durch eine Operation erfolgen, beispielsweise durch systematisches Verändern, durch Iterieren, durch Strukturieren oder durch Reduzieren. Das Denken wird dabei auf enaktiver, ikonischer oder sprachlich-symbolischer Ebene repräsentiert. Die Lehrperson regen die Verwendung dieser Darstellungsebenen dabei explizit an und fordert die Schülerinnen und Schüler zu einer Handlung, zum Zeichnen einer Skizze, zum Markieren oder zum sprachlichen (nicht formal-symbolischen) Formulieren auf. Des Weiteren wird

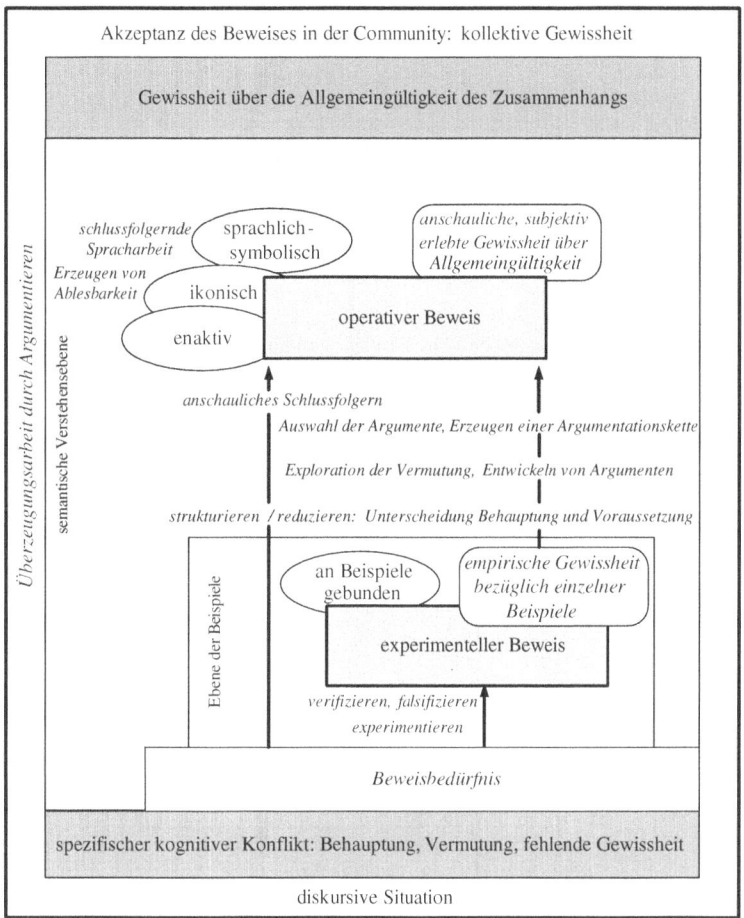

Abb. 5.2 Prozess des schulischen Beweisens: experimentelle, dann operative Phase

zwischen Behauptung und Voraussetzung unterschieden, eine Vermutung wird entwickelt und exploriert. Während dieses Bearbeitungsschrittes werden verschiedene Argumente entwickelt, erprobt, verworfen oder weiterverfolgt. Auf dieser Basis können dann Argumente ausgewählt und in einer Argumentationskette miteinander verbunden werden. Da die Bearbeitung auf inhaltlich-semantischer Ebene erfolgt, beruht die Schlussfolgerung, die gezogen werden kann, auf der durchgeführten Operation und deren Repräsentation, womit ein operativer Beweis erzeugt wurde. Da ein solcher erst die subjektive Gewissheit bietet, dass (und warum) etwas zwingenderweise immer so sein muss, muss Elaboration angeregt und eingefordert werden, damit die Argumentation von den anderen Mitgliedern der fachlichen Lerngemeinschaft auch tatsächlich verstanden und geprüft werden kann (vgl. Abb. 5.2). Gelingt dies, ist geteilte, anschauliche Gewissheit bezüglich der Allgemeingültigkeit der Aussage erlangt.

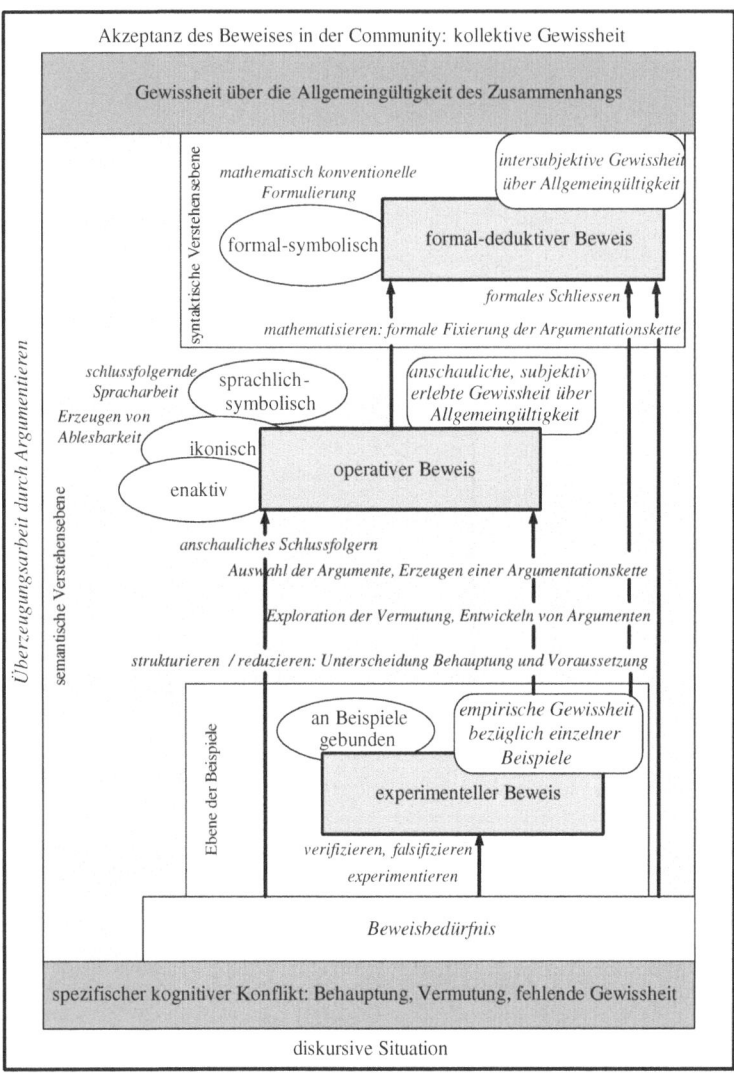

Abb. 5.3 Vollständiges Prozessmodell des schulischen Beweisens (Brunner 2013, S. 114, hier leicht angepasst und ergänzt)

Je nach Voraussetzungen der Schülerinnen und Schüler kann diese anschaulich erlebte subjektive Gewissheit, die im Idealfall dank der Elaboration und der nachfolgenden Akzeptanz durch die Lerngemeinschaft zur geteilten anschaulichen Gewissheit geworden ist, nun auch noch auf algorithmisch-syntaktischer Ebene formal-symbolisch begründet werden (vgl. Abb. 5.3). In diesem Fall wird der mathematische Zusammenhang zusätzlich zur Bearbeitung auf der inhaltlich-semantischen Verstehensebene auch noch mathematisiert. Die gefundenen Argumente werden dabei formal-symbolisch formuliert und fixiert. Formales Schließen erfolgt. Weil nun zusätzlich zur inhaltlich-semantischen Ebene auch noch auf algorithmisch-syntaktischer gearbeitet wird, betrifft die didaktische Unterstützung durch die Lehrperson auch die formale Sprache sowie die Verbindung der beiden Verstehensebenen.

Im Wesentlichen beruht dieser Zugang auf einer Zunahme von Anforderungen, Abstrahierung und Formalisierung. Es findet auf dem beschriebenen Kontinuum des Begründens (vgl. Abschn. 3.2) eine zunehmende Verschiebung in Richtung Strenge und formaler Notation statt. Damit steht dieser Ansatz in der Tradition didaktischer Stufungen. Ein solches Vorgehen beginnt in der Regel bei einem experimentellen Zugang, bei dem zwar keine Gewissheit bezüglich der Allgemeingültigkeit der Behauptung gefunden wird, der aber eine erste empirische Auseinandersetzung mit dem Phänomen ermöglicht. Der experimentelle Beweis ist zudem der am einfachsten zugängliche und ermöglicht auch schwächeren oder jüngeren Lernenden eine vertiefte und eigenständige Auseinandersetzung mit einer mathematischen Behauptung. Allerdings sollte es längerfristig gesehen nicht dabei bleiben. Eine Fortsetzung auf einem erweiterten kognitiven Niveau sollte dafür sorgen, dass auch die mathematische Struktur und weniger das experimentelle Phänomen im Zentrum steht. Dieser Prozess mündet entweder in einen operativen oder in einen formal-deduktiven Beweis, je nach Voraussetzungen und Präferenzen. Denkbar ist jedoch auch, dass ohne experimentelles Erproben direkt auf die Struktur fokussiert und ein operativer Beweis entwickelt wird, der anschließend formal-symbolisch formuliert wird.

5.4 Beweisaufgaben und Beweisprobleme

Damit der Prozess des Beweisens überhaupt erst in Gang kommt, sind bestimmte Aufgabentypen bzw. ist eine bestimmte Struktur der vorhandenen Ausgangslage und der Zielsetzung vonnöten. Obwohl Beweis- und Bestimmungsaufgaben auch in ihren Zielsetzungen unterschieden werden können (Pólya 1949), bieten sowohl die einen wie auch die anderen eine geeignete Ausgangslage für Begründungs- und Beweisphasen im Mathematikunterricht, wenngleich unterschiedlich akzentuiert.

Bei den Bestimmungsaufgaben geht es – wie ihr Name schon sagt – im Wesentlichen darum, etwas zu bestimmen, beispielsweise die Unbekannte oder die gesuchte Größe. Was auf den ersten Blick wie bloßes Rechnen aussieht, kann durchaus für Begründungsphasen genutzt werden, indem nämlich in einem zweiten Schritt danach gefragt wird, warum die errechnete die korrekte Lösung sei. Damit wird zumindest die Tätigkeit des mathematischen Begründens angeregt, noch nicht aber das Beweisen. Dafür sind Beweisaufgaben besonders geeignet. Diese zielen darauf ab, mittels logischer Schlüsse zu zeigen, dass eine formulierte Behauptung entweder wahr oder falsch ist, und darüber hinaus entscheiden zu können, ob der gefundene Zusammenhang notwendigerweise gilt oder nicht. Beweisaufgaben bestehen gemäß Pólya (1995, S. 67) aus einer „Annahme und [dem] logische[n] Schluss des Satzes, der bewiesen oder widerlegt werden soll". Damit die Beweisaufgabe gelöst werden kann, müssen somit sowohl die Annahme als auch der Schluss bekannt sein bzw. entwickelt werden. Je besser man diese beiden Teile verstanden hat, umso eher ist das Beweisen, d. h. das Herstellen der logischen Beziehung zwischen den beiden Teilen, möglich.

Schulisches Beweisen kann demzufolge auch als Bearbeiten von Beweisproblemen verstanden werden. Damit rücken die Merkmale von Problemen in den Fokus. Probleme bestehen allgemein gesprochen aus einem unbefriedigenden Anfangszustand, einem erwünschten Zielzustand und der fehlenden Brücke dazwischen bzw. einem Hindernis, das keine automatische Überführung des Anfangs- in den Zielzustand zulässt (vgl. z. B. Dörner 1974; Duncker 1935). Die Problemtypologie von Aebli (1981) präzisiert dieses Hindernis bzw. diese Lücke und beschreibt drei Typen von Problemen: 1) Probleme mit fragmentarischer Struktur, 2) Probleme mit widersprüchlicher Struktur und 3) Probleme mit vereinfachungswürdiger Struktur. Im Hinblick auf das Begründen und Beweisen kommen grundsätzlich die ersten beiden Problemtypen infrage.

Probleme mit widersprüchlicher Struktur verlangen eine Entscheidung. Dies kann zum Beispiel der Fall sein, wenn zwei unterschiedliche Lösungen vorliegen und entschieden werden muss, welche korrekt ist und welche allenfalls nicht. Die getroffene Entscheidung muss dabei stets begründet werden. Probleme mit fragmentarischer Struktur hingegen sind klassische Probleme mit Lücken. Der Handlungsplan, um von der Ausgangslage zum Zielzustand vordringen zu können, ist unterbrochen. Der Lösungsgedanke, der eine Brückenfunktion zwischen Ausgangslage und Zielzustand einnehmen kann, muss gleichwohl aus dem vorhandenen Wissen generiert werden können. Dörner (1974) nennt diese Art von Problemen auch Interpolationsprobleme, wozu auch Beweisprobleme gezählt werden können.

Eine Begründungs- bzw. Beweisaufgabe muss also je nach Zielsetzung entsprechende Merkmale aufweisen, um einen Begründungs- bzw. Beweisprozess anregen zu können. Dabei ist es wichtig, sich vor Augen zu halten, dass die Begründungs- und Beweiskultur im Klassenzimmer nicht auf der Grundlage von einzelnen isolierten (klassischen) Beweisproblemen aufgebaut und etabliert werden kann, sondern dass sie als Aspekt kognitiver Aktivierung grundsätzlich im Unterricht Einzug halten sollte, sei dies durch das Begründen von gefundenen Lösungen oder durch gezieltes Beweisen von Zusammenhängen.

Literatur

Aebli, H. (1980). *Denken. Das Ordnen des Tuns* (Bd. 1). Stuttgart: Klett-Cotta.

Aebli, H. (1981). *Denken. Das Ordnen des Tuns* (Bd. 2). Stuttgart: Klett-Cotta.

Aebli, H. (2003). *Zwölf Grundformen des Lehrens. Eine Allgemeine Didaktik auf psychologischer Grundlage* (12. Aufl.). Stuttgart: Klett-Cotta.

Andriessen, J. E. B., & Schwarz, B. B. (2009). Argumentative design. In N. Muller Mirza & A.-N. Perret-Clermont (Hrsg.), *Argumentation and education* (S. 145–174). New York: Springer.

Boero, P. (1999). Argumentation and mathematical proof: A complex, productive, unavoidable relationship in mathematics and mathematics education. *International Newsletter on the Teaching and Learning of Mathematical Proof, 7/8.*

Brandt, B. (2004). *Kinder als Lernende. Partizipationsspielräume und -profile im Klassenzimmer.* Frankfurt: Peter Lang.

Brunner, E. (2013). *Innermathematisches Beweisen und Argumentieren in der Sekundarstufe I.* Münster: Waxmann.

Buff, A., Reusser, K., & Pauli, C. (2010). Die Qualität der Lernmotivation in Mathematik auf der Basis freier Äusserungen: Welches Bild präsentiert sich bei Deutschschweizer Schülerinnen und Schülern im 8. und 9. Schuljahr? In K. Reusser & M. Waldis (Hrsg.), *Unterrichtsgestaltung und Unterrichtsqualität. Ergebnisse einer internationalen und schweizerischen Videostudie zum Mathematikunterricht* (S. 253–278). Münster: Waxmann.

Cronje, F. (1997). Deductive proof: A gender study. In E. Pehkonen (Hrsg.), *Proceedings of the 21st Conference of the International Group for the Psychology in Mathematics Education* (Bd. 1). Helsinki: Lahti University.

Dörner, D. (1974). *Problemlösen als Informationsverarbeitung.* Stuttgart: Kohlhammer.

Duncker, K. (1935). *Zur Psychologie des produktiven Denkens.* Berlin: Springer.

Fetzer, M. (2011). Wie argumentieren Grundschulkinder im Mathematikunterricht? Eine argumentationstheoretische Perspektive. *JMD, 32,* 27–51.

Fischer, H., & Malle, G. (2004). *Mensch und Mathematik. Eine Einführung in didaktisches Denken und Handeln* (Nachdruck). Wien: Profil.

Frey, A., Asseburg, R., Carstensen, C. H., Ehmke, T., & Blum, W. (2007). Mathematische Kompetenz. In PISA-Konsortium Deutschland (Hrsg.), *PISA 06. Die Ergebnisse der dritten internationalen Vergleichsstudie* (S. 249–276). Münster: Waxmann.

Führer, L. (2009). Vom Begründensollen zum Vermutenwollen – Heinrich Winter zum 80. Geburtstag. In M. Ludwig & J. Roth (Hrsg.), *Argumentieren, Beweisen und Standards im Geometrieunterricht. AK Geometrie 2007/08* (S. 167–188). Hildesheim: Franzbecker.

Galbraith, P. L. (1981). Aspects of proving: A clinical investigation of process. *Educational Studies in Mathematics, 12,* 1–29.

Garuti, R., Boero, P., & Lemut, E. (1998). Cognitive units of theorems and difficulty of proof. In A. Olivier & K. Newstead (Hrsg.), *Proceedings of the 22th International Conference of PME* (Bd. 2, S. 345–352). Stellenbosch: University of Stellenbosch.

Götz, T., & Frenzel, A. C. (2010). Über- und Unterforderungslangeweile im Mathematikunterricht. *Empirische Pädagogik, 24*(2), 113–134.

Götz, T., & Kleine, M. (2006). Emotionales Erleben im Mathematikunterricht. *Mathematik lehren, 135,* 4–9.

Götz, T., Pekrun, R., Zirngibl, A., Jullien, S., Kleine, M., vom Hofe, R., & Blum, W. (2004). Leistung und emotionales Erleben im Fach Mathematik: Längsschnittliche Mehrebenenanalysen. *Zeitschrift für Pädagogische Psychologie, 18*(4), 201–212.

Greeno, J. G. (2006). Authoritative, accountable positioning and connected, general knowing: Progressive theme in understanding transfer. *The Journal of the Learning Sciences, 15*(4), 537–547.

Harel, G., & Sowder, L. (1998). Students' proof schemes: Results from exploratory studies. *CBMS Issues in Mathematics Education, 7,* 234–283.

Healy, L., & Hoyles, C. (1998). Justifying and Proving in School Mathematics. *Technical report on the nation-wide survey.* London: University of London.

Heintz, B. (2000). *Die Innenwelt der Mathematik. Zur Kultur und Praxis einer beweisenden Disziplin.* Wien: Springer.

Heinze, A. (2004). Umgang mit Fehlern im Geometrieunterricht der Sekundarstufe I – Methode und Ergebnisse einer Videostudie. *JMD, 25*(3/4), 221–244.

Heinze, A., Kessler, S., Kuntze, S., Lindmeier, A., Moormann, M., Reiss, K., et al. (2007). Kann Paul besser argumentierten als Marie? Betrachtungen zur Beweiskompetenz von Mädchen und Jungen aus differentieller Perspektive. *JMD, 28*(2), 148–167.

Heinze, A., & Reiss, K. (2003). *Reasoning and proof: Methodological knowledge as a component of proof competencies.* Gehalten auf der CERME3, Bellaria. http://ermeweb.free.fr/CERME3/Grou ps/TG4/TG4_Heinze_cerme3.pdf. Zugegriffen: 10. Aug. 2013.

Heinze, A., & Reiss, K. (2004). The teaching of proof at lower secondary level – a video study. *ZDM Mathematics Education, 36*(3), 98–104.

Heinze, A., & Reiss, K. (2009). Developing argumentation and proof competencies in the mathematics classroom. In D. A. Stylianou, M. L. Blanton, & E. J. Knuth (Hrsg.), *Teaching and learning proof across the grades: A K-16 perspective* (S. 191–203). New York: Routledge.

Hosenfeld, I., Köller, O., & Baumert, J. (1999). Why sex differences in mathematics achievement disappear in German secondary schools: A reanalysis of the German TIMSS-Data. *Studies in Educational Evaluation, 25*(2), 143–161.

Jahnke, H. N. (2008). Theorems that admit exceptions, including a remark on Toulmin. *ZDM Mathematics Education, 40*, 363–371.

Jahnke-Klein, S. (2001). *Sinnstiftender Mathematikunterricht für Mädchen und Jungen.* Baltmannsweiler: Schneider-Verl.

Jungwirth, H. (2005). Geschlechteralltag im Mathematikunterricht – und Wege zu seiner Veränderung. In GDM (Hrsg.), *Beiträge zum Mathematikunterricht 2005. Vorträge auf der 39. Tagung für Didaktik der Mathematik vom 28.2. bis 4.3.2005 in Bielefeld* (S. 275–278). Hildesheim: Franzbecker.

Klieme, E., Pauli, C., & Reusser, K. (2009). The Pythagoras study. In T. Janik & T. Seidel (Hrsg.), *The power of video studies in investigating teaching and learning in the classroom* (S. 137–160). Münster: Waxmann.

Klieme, E., Schümer, G., & Knoll, S. (2001). Mathematikunterricht in der Sekundarstufe I. „Aufgabenkultur" und Unterrichtsgestaltung. In Bundesministerium für Bildung und Forschung (Hrsg.), *TIMSS – Impulse für Schule und Unterricht* (S. 43–57). Bonn: BMBF.

Klieme, E., & Thussbas, C. (2001). Kontextbedingungen und Verständigungsprozesse im Geometrieunterricht: Eine Fallstudie. In S. von Aufschnaiter & M. Welzel (Hrsg.), *Nutzung von Videodaten zur Untersuchung von Lehr-Lern-Prozessen. Aktuelle Methoden empirischer pädagogischer Forschung* (S. 41–59). Münster: Waxmann.

Knipping, C. (2003). *Beweisprozesse in der Unterrichtspraxis. Vergleichende Analysen von Mathematikunterricht in Deutschland und Frankreich.* Hildesheim: Franzbecker.

Krammer, K. (2009). *Individuelle Lernunterstützung in Schülerarbeitsphasen: Eine videobasierte Analyse des Unterstützungsverhaltens von Lehrpersonen im Mathematikunterricht.* Münster: Waxmann.

Krummheuer, G., & Brandt, B. (2001). *Paraphrase und Traduktion. Partizipationstheoretische Elemente einer Interaktionstheorie des Mathematiklernens in der Grundschule.* Weinheim: Beltz.

Krummheuer, G., & Fetzer, M. (2005). *Der Alltag im Mathematikunterricht. Beobachten. Verstehen. Gestalten.* Heidelberg: Spektrum.

Küchemann, D., & Hoyles, C. (2003). *Technical report for longitudinal proof project. Year 10 survey 2002* (Bd. 1). http://www.mathsmed.co.uk/ioe-proof/Y10TecRepMain.pdf. Zugegriffen: 1. Okt. 2013.

Lampert, M., & Cobb, P. (2003). Communication and language. In J. Kilpatrick, W. G. Martin, & D. Schifter (Hrsg.), *A research companion to principles and standards for school mathematics* (S. 235–249). Reston: NCTM.

Leinhardt, G., & Steele, H. (2005). Seeing the complexity of standing to the side: Instructional dialogues. *Cognition and Instruction, 23*(1), 87–163.

Leiss, D. (2007). *„Hilf mir, es selbst zu tun": Lehrerinterventionen beim mathematischen Modellieren*. Hildesheim: Franzbecker.

Maier, P. H. (1994). *Räumliches Vorstellungsvermögen*. Frankfurt: Peter Lang.

Markowitz, J. (1986). *Verhalten im Systemkontext. Zum Begriff des sozialen Epigramms. Diskutiert am Beispiel des Schulunterrichts*. Frankfurt a.M.: Suhrkamp.

Martin, G., & Harel, G. (1989). Proof frames of preservice elementary teachers. *Journal for Research in Mathematics Education, 20*(1), 41–51.

Mehan, H. (1979). *Learning lessons. Social organization in the classroom*. Cambridge: Harvard University Press.

Neubrand, M. (1989). Remarks on the acceptance of proofs: The case of some recently tackled major theorems. *For the Learning of Mathematics, 9*, 2–6.

Oelkers, J., & Reusser, K. (2008). *Qualität entwickeln, Standards sichern, mit Differenz umgehen. Eine Expertise in Auftrag von vier Ländern*. Berlin: Bundesministerium für Bildung und Forschung.

Pauli, C. (2006). Das fragend-entwickelnde Lehrgespräch. In M. Baer, M. Fuchs, P. Füglister, K. Reusser, & H. Wyss (Hrsg.), *Didaktik auf psychologischer Grundlage. Von Hans Aeblis kognitionspsychologischer Didaktik zur modernen Lehr- und Lernforschung* (S. 192–206). Bern: hep.

Pauli, C., & Lipowsky, F. (2007). Mitmachen oder zuhören? Mündliche Schülerinnen- und Schülerbeteiligung im Mathematikunterricht. *Unterrichtswissenschaft, 35*(2), 101–124.

Pólya, G. (1949). *Schule des Denkens*. Bern: Francke.

Pólya, G. (1995). *Schule des Denkens* (4. Aufl.). Bern: Francke.

Reid, D. A., & Knipping, C. (2010). *Proof in mathematics education. Reserach, learning and teaching*. Rotterdam: Sense Publisher.

Reiss, K. (2002). *Argumentieren, Begründen, Beweisen im Mathematikunterricht. Projektserver SINUS*. Bayreuth: Universität.

Reiss, K., & Heinze, A. (2000). Begründen und Beweisen im Verständnis von Abiturienten. In M. Neubrand (Hrsg.), *Beiträge zum Mathematikunterricht 2000* (S. 520–523). Hildesheim: Franzbecker.

Reiss, K., & Heinze, A. (2005). Argumentieren, Begründen und Beweisen als Ziele des Mathematikunterrichts. In H.-W. Henn & G. Kaiser (Hrsg.), *Mathematikunterricht im Spannungsfeld von Evolution und Evaluation. Festschrift für Werner Blum* (S. 184–192). Hildesheim: Franzbecker.

Reiss, K., Heinze, A., Kuntze, S., Kessler, S., Rudolph-Albert, F., Renkl, A., et al. (2006). Mathematiklernen mit heuristischen Lösungsbeispielen. In M. Prenzel (Hrsg.), *Untersuchungen zur Bildungsqualität von Schule – Abschlussbericht des DFG-Schwerpunktprogramms* (S. 194–210). Münster: Waxmann.

Reiss, K., Hellmich, F., & Thomas, J. (2002). Individuelle und schulische Bedingungsfaktoren für Argumentationen und Beweise im Mathematikunterricht. In M. Prenzel & J. Doll (Hrsg.), *Bildungsqualität von Schule: Schulische und ausserschulische Bedingungen mathematischer, naturwissenschaftlicher und überfachlicher Kompetenz. 45. Beiheft der Zeitschrift für Pädagogik* (S. 51–64). Weinheim: Beltz.

Reiss, K., Klieme, E., & Heinze, A. (2001). Prerequisites for the understanding of proofs in the geometry classroom. In M. van den Heuvel-Panhuizen (Hrsg.), *Proceedings of the 25th Conference of the International Group for the Psychology of Mathematics Education* (Bd. 4, S. 97–104). Utrecht: Utrecht University.

Reiss, K., & Ufer, S. (2009). Was macht mathematisches Arbeiten aus? Empirische Ergegbnisse zum Argumentieren Begründen und Beweisen. *Jahresbericht JB DMV, 111*(4), 155–177.

Resnick, L. (1989). Developing mathematical knowledge. *American Psychologist, 44*, 162–169.

Reusser, K. (2001). Unterricht zwischen Wissensvermittlung und Lernen lernen. Alte Sackgassen und neue Wege in der Bearbeitung eines pädagogischen Jahrhundertproblems. In C. Finkbeiner & W. G. Schnaitmann (Hrsg.), *Lehren und Lernen im Kontext empirischer Forschung und Fachdidaktik* (S. 106–140). Donauwörth: Auer.

Reusser, K., & Pauli, C. (2003). *Mathematikunterricht in der Schweiz und in weiteren sechs Ländern. Bericht über die Ergebnisse einer internationalen und schweizerischen Video-Unterrichtsstudie.* Zürich: Universität Zürich

Rosenshine, B. (2009). The empirical support for direct instruction. In S. Tobias & T. M. Duffy (Hrsg.), *Constructivist instruction. Success or failure?* (S. 201–220). New York: Routledge.

Schoy-Lutz, M. (2005). *Fehlerkultur im Mathematikunterricht: theoretische Grundlegung und evaluierte unterrichtspraktische Erprobung anhand der Unterrichtseinheit „Einführung in die Satzgruppe des Pythagoras".* Hildesheim: Franzbecker.

Senk, S., & Usiskin, Z. (1983). Geometry proof writing: A new view of sex differences in mathematical ability. *American Journal of Education, 91,* 187–201.

Ufer, S., & Heinze, A. (2008). Development of geometrical proof competency from grade 7 to 9: A longitudinal study. In: *11th International Congress on Mathematics Education, Topic Study Group* 18, 6.

Ufer, S., Heinze, A., Kuntze, S., & Rudolph-Albert, F. (2009). Beweisen und Begründen im Mathematikunterricht. Die Rolle von Methodenwissen für das Beweisen in der Geometrie. *JMD, 30*(1), 30–54.

Ufer, S., Heinze, A., & Reiss, K. (2009). Individual predictors of geometrical proof competence. In O. Figueras & A. Sepulveda (Hrsg.), *Proceedings of the Joint Meeting of the 32nd Conference of the International Group for the Psychology of Mathematics Education, and the XX North American Chapter* (Bd. 1, S. 361–368). Morelia: PME.

Waldis, M., Grob, U., Pauli, C., & Reusser, K. (2010). Der Einfluss der Unterrichtsgestaltung auf Fachinteresse und Mathematikleistung. In K. Reusser, C. Pauli, & M. Waldis (Hrsg.), *Unterrichtsgestaltung und Unterrichtsqualität. Ergebnisse einer internationalen und schweizerischen Videostudie zum Mathematikunterricht* (S. 209–251). Münster: Waxmann.

Weinert, F. E. (2001). *Leistungsmessungen in Schulen.* Weinheim: Beltz.

Yackel, E. (2002). What we can learn from analyzing the teacher's role in collective argumentation. *Journal of Mathematical Behavior, 21,* 423–440.

Yackel, E., & Cobb, P. (1996). Sociomathematical norms, argumentation and autonomy in mathematics. *The Journal of Research in Mathematics Education, 27,* 458–477.

Wie sieht nun Wissenskonstruktion im Rahmen einer Beweisphase konkret aus? Und welche Unterstützung wird dabei von der Lehrperson geleistet? Dies wird in diesem Kapitel am Beispiel eines Unterrichtstranskripts[1] aus einer Gymnasialklasse des 9. Schuljahres veranschaulicht.

6.1   Kontext

In dieser transkribierten Unterrichtsstunde arbeiten 21 Schülerinnen und Schülern in der Klasse. Davon sind 6 Jungen und 15 Mädchen. Die Klasse verfügt über ein solides Vorwissen und zeigt übers Jahr gesehen eine sehr gute Leistungsentwicklung. Geführt wird die Klasse von einem Lehrer im Alter zwischen 36 und 45 Jahren, der über 8 Jahre Lehrerfahrung im Fach Mathematik verfügt, fast ausschließlich Mathematik und nur wenige Stunden in anderen Fächern unterrichtet.

  In der Klasse wird an der Aufgabe gearbeitet, die bereits mehrfach erwähnt worden ist (vgl. Abschn. 3.6.4): „Die Summe $13 + 15 + 17 + 19$ ist durch 8 teilbar. Gilt dies für jede Summe von vier aufeinanderfolgenden ungeraden Zahlen?" Nach einer kurzen Phase der Arbeitsorganisation lässt der Lehrer die Schülerinnen und Schüler in kooperativen Teams von je drei (bzw. einmal zwei) Lernenden selbstständig an der schriftlich formulierten Aufgabenstellung arbeiten[2]:

---

[1] Das Unterrichtstranskript stammt aus der schweizerisch-deutschen Videostudie „Unterrichtsqualität, Lernverhalten und mathematisches Verständnis" (Klieme et al. 2009) und wurde für diese Arbeit freundlicherweise zur Verfügung gestellt.

[2] Sprecher-Codes: T (Teacher); S (einzelne Schülerin/einzelner Schüler); SN (neue Schülerin/ neuer Schüler), Ss (mehrere Schülerinnen und Schüler, die das gleiche Wort sagen und/oder zur gleichen Zeit sprechen). Besondere Zeichen: *( )*: Diese Aussage erfolgt in Schweizer Dialekt. //: Eine Person fällt einer anderen ins Wort. Der doppelte Schrägstrich kennzeichnet die Stelle, an der das gleichzeitige Sprechen beginnt.

E. Brunner, *Mathematisches Argumentieren, Begründen und Beweisen*, Mathematik im Fokus,   107
DOI: 10.1007/978-3-642-41864-8_6, © Springer-Verlag Berlin Heidelberg 2014

| 1 | T | So. Ist jedem die Aufgabenstellung klar? Dann habt ihr zehn Minuten |

Während dieser ersten Phase unterstützt der Lehrer die Schülerinnen und Schüler aktiv durch gezielte Lernberatung. Nach einer knappen Viertelstunde erfolgt eine gemeinsame Besprechung, in deren Verlauf zwei verschiedene generierte Begründungs- und Beweisansätze von den Schülerinnen und Schülern präsentiert und vom Lehrer zur Diskussion gestellt werden. Dabei nutzt er die beiden präsentierten Lösungen durch geschicktes Nachfragen dazu, auch diejenigen Schülerinnen und Schüler, die in ihren Gruppen nicht zu einer Lösung gelangt sind, mögliche Ansätze sehen und verstehen zu lassen. Im Anschluss daran wird der Arbeitsprozess reflektiert.

Die einzelnen Phasen der Bearbeitung werden im Folgenden entlang der in dieser Publikation vorgestellten theoretischen Grundlagen kommentiert – zunächst die Phase der selbstständigen Arbeit der Schülerinnen und Schüler und dann die gemeinsame Besprechung.

6.2   Unterstützung während Phasen selbstständiger Arbeit

Nachdem der Lehrer die Schülerinnen und Schüler einige Minuten allein in den Arbeitsgruppen arbeiten lassen hat, beginnt er im Klassenzimmer von Gruppe zu Gruppe zu zirkulieren.

6.2.1   Trennen von Voraussetzung und Behauptung

Einer ersten Gruppe hilft er beim Einsteigen in die Problemstellung, indem er an der im Aufgabentext formulierten Frage anknüpft und die Schülerinnen und Schüler anregt, eine Hypothese zu bilden:

| 2 | T | Was meint ihr, stimmt es oder stimmt es nicht? |
| 3 | SN | Ja, aber, gibt es ( )? |

Der Lehrer wirft einen Blick auf die Notizen der drei Schülerinnen und verweist erneut auf den Aufgabentext, diesmal aber nicht bezüglich der Frage, sondern wegen des im Aufgabentext formulierten Beispiels der Summe mit zweistelligen, aufeinanderfolgenden ungeraden Zahlen:

4	T	Achtung, Moment, was steht denn hier? ( ) Rechnung, was ist das ( ).
5	S	-Eh-
6	T	Zweistellig, nein?
7	S	(Geht auch) dreistellig?
8	T	Eins drei fünf-eins drei fünf sieben geht nicht?
9	SN	Doch.

10	SN	Doch, aber es geht nicht, zum Beispiel fünfzehn, dreiundzwanzig und //
11	T	//Also, sieben, neun, elf, dreizehn geht nicht?
12	SN	( )
13	T	Summe von sieben, neun, elf, dreizehn ist nicht durch acht teilbar … Prüfe es nach.
14	SN	Aber ( )
15	T	Aber lest nochmal die Aufgabe durch, was steht denn da?

Nun kommt der Lehrer wieder auf die Behauptung bzw. die im Aufgabentext aufgeworfene Frage nach der Allgemeingültigkeit des am Beispiel gezeigten Zusammenhangs zurück. Dabei lenkt er den Blick der Schülerinnen auf die Bedingungen, d. h. auf die Voraussetzungen, unter denen die Behauptung gelten soll: Es geht um vier aufeinanderfolgende ungerade Zahlen. Der Lehrer versucht somit, auf inhaltlich-semantischer Ebene geteiltes Wissen bezüglich der Voraussetzungen zu erreichen:

16	T	Was ist denn die Behauptung, da ist eine Behauptung? Was für Zahlen sind das denn?
17	S	Ungerade.
18	T	Ungerade, eben es sind ungerade. Vier ungerade Zahlen … Ja? Irgendwelche vier Ungeraden.
19	SN	Nein, aufeinanderfolgende.
20	T	-Aha- -aha-, attention. Was heisst aufeinanderfolgen?
21	S	Dass sie nacheinander kommen.
22	T	Beispiel?
23	S	Eins, drei, fünf, sieben.
24	T	Okay, eins, drei, fünf, sieben. Das geht, oder? Also, nicht beliebige, sondern aufeinanderfolgende.

Die drei Schülerinnen arbeiten danach in ihrer Gruppe selbstständig weiter.

In diesem ersten Beispiel nimmt der Lehrer die Lernberatung auf zwei unterschiedlichen Ebenen vor: Zunächst schlägt er eine Verifikation des formulierten Beispiels vor und regt an, weitere Beispiele zu prüfen. Die Lernberatung bezieht sich also auf spezifisches Methodenwissen. In einem nächsten Schritt (16) fragt er gezielt nach den Voraussetzungen und trennt somit die Voraussetzungen von der Behauptung, was einen schwierigen Arbeitsschritt darstellt. Dabei erreicht er auf inhaltlich-semantischer Ebene mit der Gruppe geteiltes Wissen bezüglich der Voraussetzung „ungerade, aufeinanderfolgende Zahlen".

6.2.2   Eine erste unvollständige Lösungsidee

Als der Lehrer bei einer weiteren Gruppe vorbeikommt, wird er von einer Schülerin, die zusammen mit einer Kollegin arbeitet, angesprochen:

25	SN	Ja, muss man das jetzt beweisen?
26	T	Wenn du, versuch mal so zu erklären, dass man-dass jeder sagt klar.
27	SN	Aber: müssen wir aufschreiben, welche das ist mit welchen?

Der Lehrer versucht, vom möglicherweise formal-deduktiv interpretierten Beweisbegriff der beiden Schülerinnen (25) weg zu kommen und einen weiteren Beweisbegriff einzubringen, indem er operatives Beweisen anregt (26). Allerdings möchte die Schülerin vermutlich eher wissen, ob sie alle möglichen Beispiele aufschreiben müsse (27). Ihre Frage zielt damit nicht auf das Beweisen eines allgemeingültigen Zusammenhangs ab, sondern auf das Notieren eines experimentellen Beweises, wobei sie zu sich überlegen scheint, wie viele Beispiele notiert werden müssen.

Nun mischt sich ihre Kollegin ein und weist auf die Voraussetzung „aufeinanderfolgende ungerade Zahlen" hin, bei denen die Differenz immer 2 beträgt:

| 28 | SN | Ist doch egal, welche ungeraden Zahlen man nimmt, die Abstände//sind immer dieselben. |

Dieser Aspekt wird vom Lehrer aufgenommen und weitergeführt, indem mit einer kognitiv aktivierenden Frage angeregt wird, über den Zusammenhang zwischen der Differenz 2 zwischen zwei aufeinanderfolgenden ungeraden Zahlen und der Teilbarkeit der Summe auf inhaltlich-semantischer Ebene nachzudenken:

29	T	Na klar, ich meine, zwischen zwei ungeraden Zahlen ist immer zwei der // Abstand, das ist logisch. Aber was hat das mit deiner Acht zu tun?
30	SN	// -Ha- ja eben.
31	S	Ja, keine Ahnung… ja, wenn da das geht//
32	T	//Ja, weil das die immer gleich sind die Abstände, ist klar.
33	S	Ja, wenn das schon geht, dann müssten die anderen doch auch gehen.
34	T	Warum, du sagst müssten. Müssen oder müssten?

Die erste Schülerin, die an Beispielen arbeitet, scheint noch keine subjektive Gewissheit bezüglich der Allgemeingültigkeit des Zusammenhangs gewonnen zu haben (35), während die zweite eine solche bereits erreicht hat (36):

| 35 | S | Müssten. |
| 36 | SN | Die müssen gehen. |

Der Lehrer regt nun an, über eine Begründung nachzudenken bzw. den offenbar erkannten Zusammenhang zu formulieren, und beginnt experimentell mit einem Beispiel, das verifiziert werden soll:

| 37 | T | Ja, warum? Geht zum Beispiel hundertdreizehn plus hundertfünfzehn plus hundertsiebzehn plus hundertneunzehn durch acht? |
| 38 | SN | Ja. |

Von der erfolgreich erfolgten Verifikation möchte der Lehrer nun zur Begründung des Zusammenhangs vordringen, was aber noch nicht bzw. nur teilweise mit einer ersten, noch unvollständigen Lösungsidee (40) gelingt:

39	T	Wieso?
40	S	Die Abstände sind gleich ( ).
41	T	Das müsst ihr mir noch genauer erklären. Weil guck einmal,// *guck* -ouououououou-.
42	S	( )
43	SN	( )

Da die beiden Schülerinnen offensichtlich nicht weiterkommen, generiert der Lehrer ein weiteres Beispiel, indem er die Voraussetzung (vier aufeinanderfolgende ungerade Zahlen) verändert (vier aufeinanderfolgende gerade Zahlen), im Wissen, dass sich der Zusammenhang unter der neuen Voraussetzung nicht zeigt:

44	T	Ich habe dir ( ) ein anderes Beispiel: zehn plus zwölf plus vierzehn plus sechzehn. Zehn, zwölf, vierzehn, sechzehn. Hat auch Abstände zwei.
45	SN	Sind gerade Zahlen. Das geht dann nicht.
46	T	Hast Recht.
47	SN	Nein das geht nicht.
48	T	Aber warum nicht? Warum geht's gerade hier und warum geht's da nicht? Versucht mal da einen Zusammenhang zu finden … weil, du sagst, die Abstände sind gleich, du hast Recht, aber bei den geraden sind die Abstände auch gleich.

Mathematisch zielt der Lehrer auf algorithmisch-syntaktischer Ebene darauf ab, dass ungerade Zahlen allgemein als $2n \pm 1$ formuliert werden, gerade Zahlen hingegen als $2n$. Die Summe von vier aufeinanderfolgenden ungeraden Zahlen ergibt somit $8n + 16$ und erzeugt immer eine durch 8 teilbare Zahl, während die Summe von vier aufeinanderfolgenden geraden Zahlen $8n + 12$ ergibt und damit nicht durch 8 teilbar ist. Auf der Ebene der Strategien bezieht sich die Lernberatung demnach auf die Präzisierung der Voraussetzungen.

6.2.3   Klärung auf inhaltlich-semantischer bzw. begrifflicher Ebene

Nun meldet sich ein Junge aus einer anderen Gruppe, worauf der Lehrer sich zu dieser Gruppe begibt. Dabei wird klar, dass der Junge das Konzept der Teilbarkeit als Division interpretiert (51) und es nicht gemäß der Definition verwendet, wonach eine Zahl nur dann teilbar durch eine andere ist, wenn sie restlos und gleichmäßig geteilt werden kann:

49	SN	Eine Frage ( )
50	T	( )
51	S	( ) gilt das für rationale, weil das heißt, sie ist durch acht teilbar, gilt das für jede Summe von vier aufeinanderfolgenden ungeraden Zahlen. ( ) Jede Zahl ist durch acht teilbar.

Der Lehrer greift auf inhaltlich-semantischer Ebene das Konzept der Teilbarkeit auf und baut in der Gruppe diesbezüglich geteiltes Wissen auf, wobei sich das Gespräch ausschließlich zwischen dem ersten Schüler und dem Lehrer abspielt, während die beiden anderen Gruppenmitglieder lediglich zuhören und sich nur einmal kurz aktiv in den Dialog einmischen (61):

52	T	Ja, Moment, was heißt teilbar, was heißt ungerade? … Hat es Sinn, dass man ein Halb von ungerade zu sprechen?
53	S	Nicht direkt.
54	T	Und indirekt?
55	S	Kein.
56	T	Hat keinen//okay
57	S	//Es ist ja, ist ja, es wird ja bloß gefragt -eh- ist durch acht teilbar.
58	T	-Mhm-
59	S	So, gilt das für jede Summe von vier aufeinanderfolgenden ungeraden Zahlen.// Jede Summe- jede Summe -eh- von vier un-von vier aufeinanderfolgenden ungeraden Zahlen ist durch acht
60	S	teilbar.

Der Einwurf (61) eines anderen Schülers aus der Gruppe lässt vermuten, dass die Gruppe sich nicht einigen konnte und den Lehrer gerufen hatte, um die nicht aufgelöste Kontroverse zwischen den beiden Interpretationen von Teilbarkeit zu entscheiden:

61	SN	// ( ) er hat behauptet.
62	T	Stopp, also, wo ist das Problem? Das Problem ist offensichtlich, was heißt ungerade, was heißt teilbar, ja? Erst mal ungerade, da sind wir uns einig, dass das nur natürliche Zahlen sind, ja?
63	S	Ja.
64	T	Eins, drei, fünf, sieben, und so weiter, das sind die ungeraden, einverstanden? Okay. Was heißt teilbar? Ist drei durch fünf teilbar?
65	S	Ja.
66	T	Jaa, aber wie? Wenn du ( ) musst du was dazu sagen ( ).
67	S	-Eh- mit irrat//
68	T	Das ist drei Fünftel, ja? Okay. Aber normalerweise wenn man von teilbar spricht, dann meint man natürliche Zahlen, die ganz aufgehen bei der Division, ohne Rest.
69	S	Okay.
70	T	Also man kann sagen -eh- man kann teilbar anders definieren, aber normalerweise, und das ist hier auch gemeint, hier sind natürliche Zahlen gemeint, also die Summe geht durch acht, ohne Rest. Aber sonst ist es natürlich trivial.

6.2.4   Variation der Voraussetzungen

Ein Schüler einer weiteren Gruppe stellt dem Lehrer ebenfalls eine Frage bezüglich der Voraussetzungen:

| 71 | SN | Gehen da auch negative Zahlen? |

Der Lehrer nimmt die Frage auf und gibt sie wieder zurück, indem er auf den Aufgaben-text verweist:

| 72 | T | -Eh- könnte man negative Zahlen könnt-also gan-negative ganze Zahlen könnte man nehmen. Ist hier jetzt nicht gemeint wohl, oder was meinst du? |
| 73 | S | ( ) |

In der Zwischenzeit hat sich der Lehrer die Frage aber fachlich überlegt und geht nun auf die Frage nach einer Variation der Voraussetzungen ein, indem er die Schüler auffordert, ein Beispiel zu prüfen, und die Idee dadurch entsprechend würdigt:

74	T	Ja, interessant. Wenn ich minus eins, minus eins, eins, drei und fünf nehme, geht das durch acht?
75	SN	Ja.
76	T	Geht auch. Minus drei, nein, minus fünf, minus drei, minus eins und eins geht auch durch acht, ja? Man könnte also – die interessante Entdeckung – das ganze ausdehnen, nicht nur auf die natürlichen, sondern auf die ganzen Zahlen. Ja? Ich glaube nicht, dass die, die die Aufgabe gemacht haben daran gedacht haben.
77	SN	( )
78	T	Ja, ich denke mal, dass der, der die Aufgabe gemacht hat, sich gedacht hat - es steht ja nichts anderes dabei, es steht einfach aufein- wenn man von ungeraden Zahlen spricht, meint man normalerweise die natürlichen ungeraden, nein?
79	S	Ja.
80	T	Aber interessant, und es scheint zu stimmen: Ich könnte auch Ganze nehmen, ja? Also der die erfunden hat, ich weiß nicht, wer die erfunden hat, könnte von euch einen Brief kriegen: *Ätsch bätsch*, es geht auch mit Ganzen.

6.2.5   Von einem Argument zum nächsten

In einer anderen Gruppe arbeiten drei Mädchen zunächst auf inhaltlich-semantischer Ebene. Der Lehrer erkundigt sich nach ihren Überlegungen und stellt fest, dass die Schülerinnen eine (vorläufige) subjektive Gewissheit bezüglich eines Aspekts bzw. eines einzelnen Arguments erlangt haben (82, 84, 86, 87). Die Mädchen haben damit den Zusammenhang bereits verallgemeinert und formulieren ein Argument auf operativer Ebene (84, 86).

81	T	Und habt ihr eine Lösung?
82	SN	Ja, wir sind schon drauf gekommen.
83	T	Was?
84	SN	Ja, wir sind schon draufgekommen, dass vier ungerade Zahlen zusammen aufein-ander gerade-gerade Zahlen geben.
85	T	Richtig!
86	S	Und es ist immer durch zwei teilbar.

87	SN	Und dass es dann immer durch zwei teilbar ist.
88	T	Gut.
89	SN	( )
90	T	Doch das ist schon mal ein Anfang von der Übung.
91	SN	( )

Nun versucht der Lehrer, die Schülerinnen dazu anzuregen, das Argument „Vier ungerade Zahlen addiert ergeben eine gerade Summe" nicht einfach bezüglich der Teilbarkeit
durch eine gerade Zahl, sondern bezüglich der Teilbarkeit durch 8 zu klären, indem er
die Anzahl der Summanden (vier) aufnimmt und darauf hinweist, dass Teilbarkeit durch
8 bedeute, dass die Summe durch 2 · 4 teilbar sein müsse. Deshalb müsse neben der Vier
auch noch eine Zwei drinstecken (92):

| 92 | T | Also, jede Summe von vier Ungeraden ist schon mal durch zwei teilbar, das ist ganz gut, klar. Frage wäre … die Frage wäre, tja, ist sie auch durch acht teilbar. Da müsste noch eine Vier außer der Zwei drinstecken. ( ) |
| 93 | SN | Ja. |

Die „verborgene" Zwei, nach welcher der Lehrer die Schülerinnen suchen lässt, zeigt sich
sofort in der formal-symbolischen Schreibweise auf der algorithmisch-syntaktischen
Ebene. Deshalb macht der Lehrer inhaltlich einen Schritt zurück und will die Schülerinnen dazu anregen, eine formale Schreibweise für jede beliebige Zahl zu finden:

94	T	Ja? … Und zwar jede. Wie könnte man denn für jede beliebige Zahl schreiben? Aber natürlich im Allgemeinen, jede beliebige un-ungerade Zahl. Was könnte man schreiben?
95	SN	-Hä-
96	SN	( )
97	T	Ja, ich denke, wir müssen das jetzt irgendwie versuchen, das irgendwie in einen, so zu schreiben, dass wir sehen, dass da eine Vier drinsteht. Also müssen wir es in einem Term schreiben, vielleicht.

Es zeigt sich aber, dass die Schülerinnen – zumindest aber diejenige, die sich nun zu
Wort meldet (98) – den Gedankensprung des Lehrers, eine ungerade Zahl als Term zu
formulieren, nicht nachvollzogen haben, sondern noch über seine Aussage zur Vier (92)
nachdenken und diese noch nicht verstanden haben:

| 98 | SN | Warum grad eine Vier? |
| 99 | T | Ja, wenn jetzt schon zwei sowieso geht, hat's auch noch eine Vier, weißt du doch die Acht, nein? |

Eine der Schülerinnen scheint verstanden zu haben, warum der Lehrer neben dem Teiler
2 auch den Teiler 4 sucht:

| 100 | S | -Aha- |

Eine ihrer Kolleginnen interveniert und weist darauf hin, dass die Anzahl der Summanden ja vier betrage und jeder der Summanden ungerade sei:

| 101 | SN | Aber es ist ja auch, ist schon mal, ja, also überall zeigt ( ) die ganze Zeit, es sind ja auch vier ungerade Zahlen ( ). |
| 102 | T | Jawohl. Perfekt. Richtig. Also vier auf jeden Fall, Frage wär noch, ob's mit sechs auch oder mit acht geht und so weiter, ja. Auch sechs aufeinanderfolgende könnte man auch noch machen. Aber das ist jetzt sicher nicht die Frage. So, habt ihr mal ein paar hingeschrieben, so ein paar Folgen von-von Ungeraden? |

Die Schülerinnen scheinen einen experimentellen Beweis auf der Basis von Beispielen durchgeführt zu haben:

103	Ss	Wir haben's mal ausprobiert.
104	T	Ja, also es geht so ( )
105	Ss	Ja.
106	T	Sicher, gut, scheint zu gehen. Zum Beispiel halt eben noch zu zeigen, dass es wirklich geht. Für alle, auch für Große. -Mhmhmh- dass sie durch zwei teilbar sind, ja. Ja, wie könnte man es denn machen?

Nun unterstützt der Lehrer die Schülerinnen, indem er auf andere, bei analogen Aufgaben verwendete Strategien verweist:

107	T	Was haben wir gemacht, was wir benutzen können?
108	SN	( ) Widerspruch wenn's geht.
109	T	Beweis durch Widerspruch. Angenommen es wäre nicht teilbar, -huuu- das halte ich auch für schwierig. Denn wenn es nicht teilbar wäre, das zu-aufzuschreiben wenn das nicht teilbar ist, ist noch schwieriger. Denn wenn's teilbar ist, kann ich schreiben: das ist achtmal eine natürliche Zahl. Diana? Vierundsechzig ist acht mal acht.
110	Ss	Ja, ja.
111	T	Zweiundsiebzig ist acht mal neun.
112	SN	Ja.

Nun kommt der Lehrer auf ihren Vorschlag, eine ungerade Zahl allgemein zu schreiben, zurück und spricht damit die algorithmisch-syntaktische Ebene an, da er eine Variable ins Spiel bringt:

113	T	Irgendwas ist achtmal N, oder achtmal X. X ist eine natürliche Zahl. Frage: Wie kriegt man das hin?
114	T	Vielleicht ein Tipp, wenn ihr mal so eine Summe habt von so-von vier solchen, wie lautet vielleicht die nächste Summe die danach kommt? Die nächste mögliche Summe? Also die nächste mögliche nach der dreizehn, fünfzehn, siebzehn, neunzehn? Welches Viererpaar ist das nächste? Bitte?
115	SN	Fünfzehn, siebzehn, neunzehn, einundzwanzig.
116	T	Aha- und vor allem der Zusammenhang vielleicht. Da sind ja ein paar Zahlen die gleichen, nein? Das wiederholt sich halt, -he-?

Es ist unklar, ob in diesem Gespräch tatsächlich ein fachlicher Konsens im Sinne gemeinsam geteilten Wissens erzeugt werden konnte. Denn obwohl sich das Gespräch vorwiegend auf inhaltlich-semantischer Ebene abspielt und die Schülerinnen ausschließlich auf dieser arbeiten, nutzt der Lehrer Wissen, das sich auf die algorithmisch-syntaktische Ebene bezieht (92). Es werden auch methodische Vorgehensweisen angesprochen (107, 108), aber es scheint noch nicht zu gelingen, aus dem ersten (noch unvollständigen) Argument ein zweites zu entwickeln. Nach dieser Intervention lässt der Lehrer die Schülerinnen selbstständig weiterarbeiten.

6.2.6   Beinahe vollständiger formal-deduktiver Ansatz

Bei einer nächsten Gruppe von drei Schülerinnen wirft der Lehrer einen Blick auf die Dokumentation ihrer Überlegungen in den Heften und fragt nach einer anerkennenden Bemerkung nach Details zur Definition der festgehaltenen Variablen (vgl. Abb. 6.1):

| 117 | T | Ihr seid schlau. Y ist vier x plus zwölf und ( ) Lösungsmenge, was ist denn y, was ist denn x? -Hä- was ist bei euch x? |
| 118 | SN | Ja, das haben wir auch gerade gemerkt, dass das das gleiche ist. |

Diese Schülerin hat in ihrem Heft den formal-deduktiven Beweis zum größten Teil schon erbracht. Noch ausstehend ist aber die Begründung, warum die von den Schülerinnen formulierte Summe nicht nur durch 4, sondern auch durch 8 teilbar ist. Dies ist deshalb noch nicht geleistet, weil die Schülerinnen die erste ungerade Zahl als x definiert haben und nicht etwa mit $2n \pm 1$, wie dies in der Regel erfolgt. Darauf arbeitet der Lehrer nun mit der nächsten Frage hin:

| 119 | T | Das Ergebnis ist Summe, y ist die Summe? … Also, das ist doch schon mal toll, die Summe ist x plus drei mal vier. Durch was ist denn die Summe auf jeden Fall teilbar, wenn das so steht? |
| 120 | S? | Vier. |

Nun müssen die Schülerinnen ein Argument finden, mit dem sie begründen können, warum die formulierte Summe auch durch 8 teilbar ist. Der Lehrer regt dies an:

121	T	Durch vier, jetzt müssen wir aber immer noch rauskriegen, dass die auch noch durch -eh- durch, noch mal durch zwei teilbar ist, ja?
122	S	Ah- weil eine ungerade Zahl, weil eine ungerade Zahl
123	T	Ja, jetzt überleg mal: Ihr müsst, jetzt fehlt nur noch, euch fehlt nur noch, wenn das schon mal durch vier ist, dass das auch noch durch zwei teilbar ist. Saugut, saugut. Kapiert?

Der Lehrer macht sich zwar bereits ans Weitergehen, aber die Schülerin beginnt nun, ein weiteres Argument zu entwickeln und verwickelt den Lehrer erneut in ein Fachgespräch:

Abb. 6.1 Dokumentation des Denkprozesses einer Schülerin; der Lehrer zeigt auf das formulierte Ergebnis y

124	S	Ja, aber das muss-das müssen ja gerade Zahlen sein.
125	T	Wieso?
126	S	Weil die zwischen fünfzehn und siebzehn stehen.
127	T	Moment, verstehe ich nicht.
128	S	Die Mitte, nehmen wir die Mitte mal vier, gibt's das gleiche wie das hier.
129	T	Ach, so habt ihr gerechnet.
130	S	Ja, und das dann mal vier.
131	T	-Mhm-
132	S	Und wenn man dann, bei//, muss ja eine gerade Zahl sein.

Der Lehrer zeigt auf die beiden Formulierungen der Summe x, die einmal in der Kurz-form durch Ausklammern und einmal in der vollständigen, schrittweisen Mathematisie-rung der vier einzelnen Summanden vorliegt (vgl. Abb. 6.2):

133	T	// ( )unterbrochen da, wie heißt das jetzt oder was? Das ist das gleiche wie hier.
134	S	Ja.
135	T	Okay, gut das kommt aufs selbe raus. Dann hier. Vier x plus zwölf kommt raus und das ist ja hier das gleiche. Ihr habt hier vier x plus zwölf. Gut, ( ) die Frage, warum ist das da in der Klammer?
136	T	-Eh-
137	S	Durch zwei teilbar. Weil hier siebzehn ( )//
138	T	//-Eh- was ist denn x, was ist denn x?
139	S	X ist die kleinste Zahl.
140	T	Die kleinste, dreizehn, eine ungerade Zahl.

Nun sind die Schülerinnen in der Lage, das zweite Argument zu formulieren, indem sie deutlich machen, dass zwei ungerade Zahlen zusammen eine gerade ergeben. In der

Abb. 6.2 Verweis des Lehrers
auf Überlegungen einer
Schülerin

Klammer steht x für die erste ungerade Zahl, zu der 3 addiert und dadurch eine gerade
Zahl erzeugt wird, die in jedem Fall durch 2 teilbar ist. Das wird mit 4 malgenommen,
was zeigt, dass die Summe durch 8, d. h. durch 4 mal 2 teilbar ist. Der Kern des Arguments betrifft die Erkenntnis, dass x + 3 gerade sein *muss*, weil die Gruppe x als erste
ungerade Zahl definiert hat, die zu 3 addiert eine gerade Zahl ergibt:

| 141 | S | Und dann hat man eine ungerade Zahl plus drei, macht, kommt eine gerade raus. Und eine gerade Zahl ist durch zwei teilbar. |
| 142 | T | Perfekt. Bewiesen. Quod erat demonstrandum. Supergut, eins A. |

6.3   Präsentation und Diskussion der Lösungen

6.3.1   Experimenteller und operativer Beweis

Der Lehrer lenkt die Aufmerksamkeit der Schülerinnen und Schüler nun auf die Phase
der Präsentation und der gemeinsamen Bearbeitung:

| 143 | T | Okay, wie weit sind wir? Oh, wir müssen aufhören. Ihr seid fertig, bewiesen? Okay, dann können wir gleich das Ganze an der Tafel machen. Es ist ein bisschen knapp jetzt. Habt ihr eine ( ) ja? Okay, |
| 144 | T | nicht schlimm, nicht schlimm. Können wir uns, am besten bleibt ihr grad so sitzen, wie ihr jetzt seid. Und können wir kurz mal an der Tafel zusammenfassen. |

Zunächst greift der Lehrer die im Aufgabentext enthaltene Frage auf und fragt nach der
Antwort (145). Damit liegt eine niederschwellige Einstiegsmöglichkeit für die Diskussion
im Plenum vor, weil nicht sofort Begründungen und Beweise geliefert werden müssen:

145	T	So. Hier. Wer möchte erklären, seinen Lösungs-seinen-erst mal die Frage geht's oder geht's nicht?
146	SN	Geht.
147	T	Es geht. Alle sind durch acht. Ihr habt eine Lösung?
148	SN	Ja.

Nachdem die Ausgangsfrage beantwortet worden ist (146), wird nun nach der Begründung der Antwort und damit nach dem Zusammenhang gefragt. Dabei fordert der Lehrer einen Schüler, von dem er weiß, dass der Zusammenhang in der Gruppe operativ durchschaut und subjektive Gewissheit erlangt wurde, auf, die Gruppenlösung zu präsentieren. Mit einigen Ordnungsanweisungen sorgt er für Aufmerksamkeit für die Schülerpräsentation:

149	T	Perfekt. Kommst du mal an der Tafel skizzieren? Nur ganz kurz erklären.
150	T	Uwe, zuhören, wichtig. Alexander, bist du auch so ( ) sowieso nicht ( ).
151	SN	Also wir haben//
152	T	//Melanie und Anna und so weiter, bitte aufpassen.
153	S	Die vier ersten natürlichen ungeraden Zahlen genommen.
154	T	Schreib's mal hin.

Nun schreibt der Schüler das erste Zahlenbeispiel an die Wandtafel und entwickelt daraus das darauffolgende, anhand dessen er den Zusammenhang operativ zeigen möchte. Das Argument der Gruppe lautet: „Wenn die erste Summe durch 8 teilbar ist, muss jede folgende auch durch 8 teilbar sein, weil die Differenz zwischen dem ersten Summanden der ersten Summe und dem ersten Summanden der zweiten Summe 2 beträgt und das für jeden der vier Summanden gilt (vgl. Abb. 6.3):

155	S	Das heißt, eins, drei, fünf und sieben. ( ) Summe, sechzehn, durch acht teilbar. Wir haben jetzt -eh- also, jede Zahl, wenn wir die darauffolgenden ungeraden Zahlen nehmen, das heißt ( )
156	T	Schreib sie drunter … Drei, okay.
157	S	-Eh- fünf, sieben und neun. Also man zählt zu jeder Zahl zwei dazu. Das macht mal vier gerade acht. Die Summe ändert sich um acht, gleich vierundzwanzig. Das kann man dann weiter ausbauen, also fortführen, die Zahl ändert sich immer um acht, und die Zahl ist dann auch durch acht teilbar.

Abb. 6.3 Wandtafeldarstellung des von einer Schülergruppe gefundenen Zusammenhangs

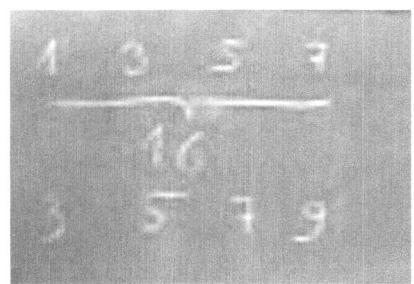

Abb. 6.4 Vom Lehrer ergänzte
Wandtafeldarstellung des
Schülers

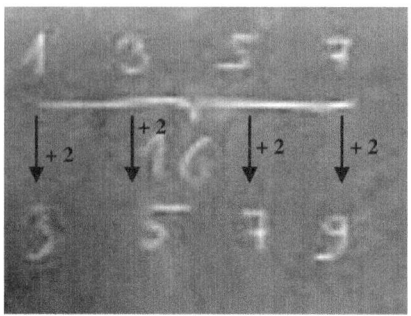

Nun stellt der Lehrer das vorgebrachte Argument zur Diskussion und überträgt der Klasse die Funktion, das Argument zu prüfen und es gegebenenfalls zu akzeptieren:

158	T	Was meint ihr? Danke, setz dich. ( ) korrekt? Elena? Was ist das Problem?
159	SN	Also, ich habe//
160	T	//-Schht, pschht- bitte? Aber?
161	S	( )
162	T	Nicht so ganz überzeugt. -Aha- Also es ist sicher, dass von hier nach hier plus zwei sind, Elena. Und das von hier nach hier auch plus zwei sind, und hier auch plus zwei, hätte vielleicht der David noch zuschreiben können, ja?

Dies tut der Lehrer nun noch selbst und ergänzt die Skizze des Schülers, indem er den operativen Zusammenhang mittels Markierungen verdeutlicht (vgl. Abb. 6.4).

| 163 | T | Das heißt, wenn das durch acht teilbar ist, und das ist durch acht teilbar, dann ist das Nächste automatisch auch, denn es kommen acht dazu. Das Nächste auch, ist dann zweiunddreißig, das Nächste ist dann vierzig, und wenn wir wollen, können wir das so lange weitermachen, bis wir bei einer Million sind, und sozusagen schrittweise, bis wir auch bei einer Million die Viererreihe um die Million rum muss auch durch acht teilbar sein. Das Verfahren, von der Idee her, nennt man vollständige Induktion, das machen die Zwölfer gerade. Ein bisschen allgemeiner allerdings. Okay, sehr schön. |
| 164 | T | Andere Lösungen, die mindestens genauso gut sind wie die. Ich mach's -ich streich's jetzt- das heißt, nein, nein, ich streiche es gar nicht weg. Wir lassen es stehen. Das ist so gut. |

Durch die Elaboration des Zusammenhangs durch den Lehrer konnte nun Einsicht in die Struktur erreicht und der operative Beweis erbracht werden.

6.3.2   Formal-deduktiver Beweis

Der Lehrer fordert nun eine nächste Gruppe, von der er weiß, dass sie den Zusammenhang formal-deduktiv bewiesen hat (vgl. Abschn. 6.2.6), zum Präsentieren auf und

Abb. 6.5 Verallgemeinerung
der vier Summanden,
ausgehend vom ersten
Zahlenbeispiel

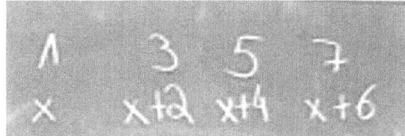

ergänzt damit den operativen Beweis der vorherigen Gruppe durch einen weiteren
Zugang:

165	T	Nebendran. Wer möchte? Ihr hattet doch auch eine Lösung da ... Stillschweigen im Walde. Na komm, wer zeigt's, wer erklärt's? ... Kreide ist da vorne.
166	T	Schaut mal her, schaut mal hier, ( ).
167	SN	Also wir haben -eh- die Zahl verallgemeinert, und, (ich tu mal ein Beispiel hin.)
168	S	Also hier ist dann x.

Die Schülerin schreibt ein Zahlenbeispiel an die Wandtafel und verallgemeinert dieses
dann (vgl. Abb. 6.5):

| 169 | T | Also ( ) nicht schreiben jetzt, gucken, gucken, komm ... Jawohl ... ja, okay, haben auch ein paar andere so gehabt, -hä-? Okay, weiter. |
| 170 | S | Dann haben wir ja gemerkt, dass die Zahlen in der Mitte, also hier die vier, -äh- also vier mal vier gibt sechzehn und das alles zusammen gibt auch sechzehn. |

Die Schülerin weist darauf hin, dass sie von zwei Paaren von ungeraden Zahlen ausgehend von der Mitte ausgegangen seien – also von $1 + 7$ und $3 + 5$ –, davon den Durch-
schnitt bzw. die „Mitte" nahmen und dadurch zeigen konnten, dass jedes der beiden
Paare als $2 \cdot 4$ bzw. als $4 + 4$ geschrieben werden könne.

| 171 | T | -Hmm- |

Die Schülerin macht weiter und schreibt die Gleichung, allerdings bereits in Kurzform
durch Klammersetzung, auf (vgl. Abb. 6.6):

| 172 | S | Und dann haben wir eine Gleichung aufgestellt, also -eh- das Ergebnis hier ist bei uns y, und dann haben wir aufgeschrieben, also die die erste Zahl plus drei, ist die Zahl hier, direkt zwischen der Zweiten und der Dritten. Dann haben wir aufgeschrieben x plus drei und nahmen das ganze mal vier. |

Nun interveniert der Lehrer, da er sicherstellen möchte, dass die an der Wandtafel formulierte Kurzform der Summe von allen verstanden wird (Abb. 6.6):

| 173 | T | Stopp! Ich frage mich, ob das so ganz klar geworden ist. Warum das viermal x plus drei ist. Der zweite Ansatz war, glaube ich, deutlicher zu sehen. Ihr habt's unten vorhin nochmal geschrieben. |
| 174 | T | Schreib das vielleicht noch mal hin damit's noch klarer wird. Weißt du, was ich meine? X plus und so weiter. Was kommt, ja? |

Abb. 6.6 Kurzform
des formal-deduktiven
Zusammenhangs

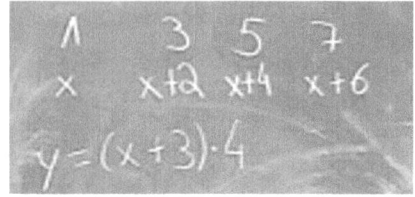

Abb. 6.7 Wandtafeldarstellung
der Schülerin zum formal-
deduktiven Beweis

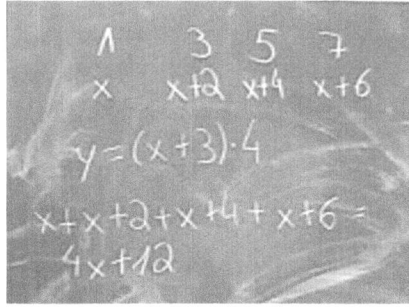

Daraufhin schreibt die Schülerin die vollständige Mathematisierung der Summe an die
Wandtafel (vgl. Abb. 6.7).

Sie stellt damit den Zusammenhang zwischen den einzelnen Gliedern der algebraisch
formulierten Summe und den einzelnen mathematisierten Summanden vom Anfang der
Präsentation (172) her (Abb. 6.6):

175	S	Das ist jetzt die ganze Zeile da oben -eh zusammen.
176	T	-Aha-
177	S	Und jetzt geht da vier x plus zwölf… und das ist jetzt eigentlich das gleiche wie hier oben, weil wenn man das jetzt ausmultipliziert, dann gibt das vier x plus zwölf.
178	T	Hier ist's klar, ja? Klar? Manche Gesichter gucken so ein bisschen. Ja, das obere ist vielleicht nicht sofort so einleuchtend, aber wenn man einfach aufaddiert, kommt vier x plus zwölf raus. Man kann schreiben viermal x plus drei. Gut, und jetzt kommt die eigentliche Erklärung.

Nun setzt die Schülerin zur abschließenden Erklärung an, indem sie erläutert, warum die
formulierte Summe in jedem Fall zwingenderweise durch 8 teilbar sein muss:

179	S	Ja, -eh- weil man das jetzt mal vier nimmt, ist das durch vier teilbar, und vier mal zwei gibt ja acht, deswegen muss man jetzt erst noch gucken, dass das in der Klammer -eh- durch zwei teilbar ist. Und x ist immer eine ungerade Zahl. Und ungerade Zahl plus eine ungerade Zahl gibt eine gerade Zahl. Und eine gerade Zahl ist immer durch zwei teilbar.
180	SN	( )

181	T	So ( ). Toll, oder?
182	S	Ja.
183	T	Wunderbar, ist alles gesagt … Ist doch klar, oder gibt's noch Fragen?
184	T	Nein, wenn das hier durch vier teil-das ist viermal -eh- zwei, weil da steckt eine zwei drin, mal irgendwas, achtmal irgendwas. Das heißt, es ist auf jeden Fall durch acht teilbar. Perfekt, wunderbar … Sehr schön …

6.3.3   Vergleich der beiden Lösungen

Nachdem an der Wandtafel nun ein operativer und ein formal-deduktiver Beweis, präsentiert von einem Schüler und einer Schülerin als Ergebnis ihrer Gruppenarbeit, stehen, nimmt der Lehrer einen qualitativen Vergleich der beiden Beweistypen vor. Den operativen Beweis bezeichnet der Lehrer dabei als ein „schrittweises Verfahren", womit er sich auf den iterativen Vorgang bezieht, und den formal-deduktiven Beweis als allgemeines Verfahren. Er würdigt beide Ansätze und fragt danach, ob noch weitere vorlägen:

185	T	Na, das hier ist sozusagen ein ein schrittweises Verfahren,
186	T	das ist allgemein ( ) ein X muss ich da ( ) irgendein-irgendeine Zahl die kleinste, zusammen immer viermal x plus drei, viermal was Gerades, ist auf jeden Fall eine Achterzahl. Fertig. Mindestens genauso schön wie eben.
187	T	Noch eine andere Lösung, hat jemand irgendeinen Ansatz gehabt? Hattet ihr hier was anderes?

6.3.4   Reflexion eines Fehlers

Der Schüler, der sich zu Wort meldet, will keinen weiteren Ansatz vorstellen, sondern berichtet von der Reflexion des (nicht erfolgreichen) Lösungswegs in der Gruppe:

188	SN	Ja, wir haben's falsch gemacht.

Der Lehrer sorgt mit seinen Rückfragen erneut für eine fachliche Präzisierung:

189	T	Was habt ihr falsch gemacht, erklär mal.
190	S	Wir haben das aufeinanderfolgen nicht beachtet.
191	T	Das heißt?
192	S	Wir haben irgendwelche ungeraden Zahlen genommen.
193	T	Irgendwelche ungeraden Zahlen. Und was kommt da raus, ist das genauso durch acht teilbar oder dann nicht?
194	S	Nein ( ).
195	T	-Aha- perfekt, also, auch aus diesem Fehler lernt man was, ja? Wir haben gesehen: Das geht sicher nicht für beliebige aufeinanderfolgende.

6.3.5   Weiterführung

Danach nimmt der Lehrer eine Idee auf, die in einer Gruppe während der selbstständigen Bearbeitung entwickelt wurde (vgl. Abschn. 6.2.4), und zeigt damit, wie die Aufgabenstellung erweitert werden könnte:

196	T	Allerdings, hier hat man kurz vorhin gesprochen davon, es geht-würde auch gelten für? Was hat man vorhin gesagt?
197	SN	-Eh- auch für negative
198	T	Auch für negative aufeinanderfolgenden ungeraden, ja? Das so eine Nebenbemerkung nur. Bei euch?
199	SN	-Ehhh-
200	T	-Ehhhe- Hier habt ihr noch irgendwas gefunden? Nicht? Okay, nah dran, perfekt. Gut, aber diese beiden Lösungen sind sehr schön.
201	T	Ich hatte noch eine andere Lösung, aber die brauchen wir jetzt hier nicht.

6.4   Fazit und Ausblick

Dieses Beispiel zeigt eindrücklich, in welcher Weise der Lehrer eine kompetente fachlich ausgestaltete Lernunterstützung während der selbstständigen Arbeitsphase der Schülerinnen und Schüler umsetzt. Zudem wird deutlich, wie es dem Lehrer gelingt, Lösungsansätze und noch unvollständige Ideen in einem Fachgespräch aufzunehmen und sie nicht nur so zu ergänzen, dass sie von allen verstanden werden können, sondern auch so, dass sie fachlich vollständig und korrekt vorliegen.

Der Lehrer im vorliegenden Beispiel verfügt über eine breite Palette an Möglichkeiten der fachlichen Unterstützung. Er regt zentrale Aspekte an, indem er beispielsweise für die Trennung von Voraussetzung und Behauptung sorgt, deren Variation aufgreift oder zwischen inhaltlich-semantischer und algorithmisch-syntaktischer Ebene vermittelt. Kennzeichnend in seinen Interventionen und Reaktionen sind auf inhaltlicher Ebene eine hohe Fachlichkeit, auf emotional-sozialer Ebene gelingt der Diskurs einerseits durch das Bemühen, sich auf das Denken jeder einzelnen Gruppe einzulassen, und anderseits durch die daraus folgende Adaptivität in der weiteren fachlichen Unterstützung.

Darüber hinaus ist die didaktische Kommunikation in diesem Beispiel bemerkenswert. Die Schülerinnen und Schüler beteiligen sich nicht nur aktiv am Gespräch, sondern bringen wesentliche Ideen ein, bekommen entsprechend ausführlich Gelegenheit zum Sprechen sowie zum Elaborieren ihres Denkens, ihrer Lösungen und des schließlich gefundenen Beweises. Der Lehrer hört zu, unterstützt, fordert heraus und bietet Raum, um auch fehlerhafte Überlegungen oder Irrwege zu besprechen. Der von Greeno (2006) geforderte „Accountable Talk" mit seinen drei Verantwortlichkeiten (Verantwortlichkeit gegenüber dem Inhalt, gegenüber der Lerngemeinschaft und gegenüber dem strengen bzw. stringenten Denken) wird in diesem Beispiel in einer mustergültigen Art und Weise umgesetzt.

Das Beispiel zeigt aber lediglich die Bearbeitung einer einzigen Aufgabenstellung. Wichtig wären nicht nur isolierte Beweis- und Begründungsaufgaben, sondern Lernumgebungen zum Beweisen und Begründen, bei denen ausgehend von einer Aufgabenstellung wie derjenigen aus dem Beispiel verschiedene Varianten und Weiterführungen untersucht werden, Begründungszusammenhänge variiert, erweitert und mit neuen Gebieten kombiniert werden. So könnte eine Weiterführung der hier bearbeiteten Aufgabe zum Beispiel fragen, ob die Summe von drei aufeinanderfolgenden Zahlen auch durch 8 teilbar sei oder ob ein bestimmter Zusammenhang zwischen der Anzahl der aufeinanderfolgenden ungeraden Zahlen und der Teilbarkeit bestehe. Es könnte aber auch mit vorbereitenden und hinführenden Aufgabenstellungen begonnen werden, beispielsweise mit der Frage, ob drei aufeinanderfolgende Zahlen immer durch 3 teilbar seien.

Solchermaßen ausgearbeitete Lernumgebungen zum Beweisen sind für alle Schulstufen zu schaffen, wenn mathematisches Begründen und Beweisen nicht nur diejenige Bedeutung erhalten sollen, die ihnen fachlich zukommt, sondern auch diejenige, die in allen Konzeptionen von Kompetenzmodellen und Bildungsstandards vorgesehen ist. Darüber hinaus sollten im Mathematikunterricht nicht nur Anlässe zum Begründen und Beweisen geschaffen werden, sondern es sollte vielmehr ganz grundsätzlich eine Begründungskultur aufgebaut werden. Denn Antworten auf Warum-Fragen suchen und finden zu können, ist etwas zutiefst Befriedigendes und fördert, wie dies der Schüler im nachfolgenden Beispiel formuliert (vgl. Abb. 6.8), ein tieferes Verständnis:

Eine verstehbare, adaptive und korrekte Antwort auf Warum-Fragen ist für Schülerinnen und Schüler jeder Alters- und Schulstufe wichtig und sollte deshalb nicht nur älteren oder leistungsfähigeren Schülerinnen und Schülern vorbehalten bleiben, sondern allen Lernenden ermöglicht werden. Dies wird auch in der nächsten Aussage eines Schülers aus der 11. Klasse deutlich (vgl. Abb. 6.9).

Begründen im Mathematikunterricht ist für alle Schulstufen bedeutsam, denn Begründungen und Beweise fördern die Einsicht in Strukturen, Muster und Zusammenhänge und ermöglichen vertieftes Verstehen. Und „Verstehen des Verstehbaren ist ein Menschenrecht", wie Wagenschein (1981, S. 419) schon vor vielen Jahren festgehalten hat. Dabei ist es wichtig, genetisches Beweisen zu fördern, unterschiedliche Vorgehensweisen, Argumente und Argumentationen zueinander in Beziehung zu setzen, zu vergleichen und hinsichtlich ihrer Qualität zu beurteilen. Dies wird auch im abschließenden Votum eines Schülers deutlich, die zudem die Eleganz von Beweisen anspricht und dem Vorgang auch eine gewisse Ästhetik beimisst (Abb. 6.10).

Denn Einsicht in mathematische Strukturen und Muster zu erlangen, bedeutet nicht nur tiefes Verstehen, sondern ist auch eine ästhetische Angelegenheit und Aktivität – oder in den Worten Hardys (1992, S. 85):

The mathematician's patterns, like the painter's or the poet's, must be *beautiful*; the ideas, like the colours or the words, must fit together in a harmonious way. Beauty is the first test: there is no permanent place in the world for ugly mathematics.

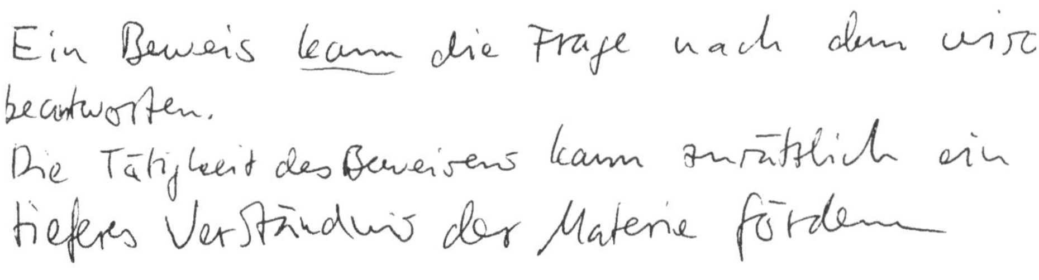

Ein Beweis kann die Frage nach dem wist beantworten.
Die Tätigkeit des Beweisens kann zusätzlich ein tieferes Verständnis der Materie fördern

Abb. 6.8 Aussage eines Schülers aus dem 11. Schuljahr (Beispiel aus einer unveröffentlichten Befragung der Autorin in einer 11. Klasse eines Schweizer Gymnasiums rund um die Frage, was ein Beweis ist und wie er eingeschätzt wird)

Beweise sollten zum Unterricht dazugehören. Bis zur Kanti war dic jedoch nicht immer so!

Abb. 6.9 Forderung eines Schülers, 11. Schuljahr (Brunner 2013, S. 18), der darauf hinweist, dass er erst ab dem Gymnasium ("Kanti"), das in der Schweiz in der Mehrheit mit dem 9. Schuljahr beginnt, mit Beweisen konfrontiert wurde

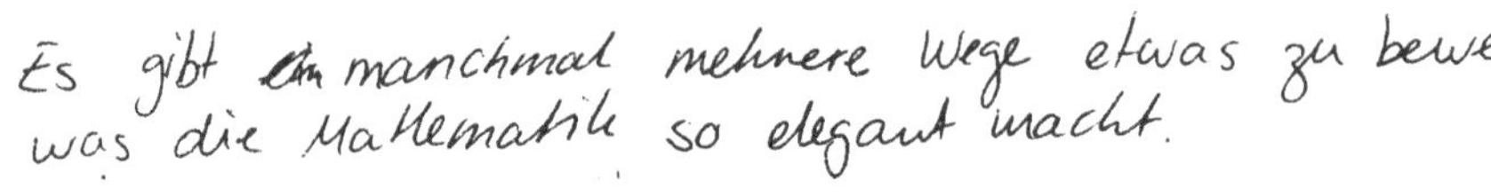

Es gibt ein manchmal mehrere Wege etwas zu beweisen, was die Mathematik so elegant macht.

Abb. 6.10 Hinweis eines Schülers des 11. Schuljahrs auf genetisches Beweisen

Auf das Entfalten und Erleben dieser Schönheit haben alle Lernenden ein Anrecht. Gerade die Tätigkeit des Beweisen leistet es, diese Schönheit zu offenbaren, da sie – schöne – Muster einsichtig macht und aufzeigt, wie und warum diese entstehen.

Literatur

Brunner, E. (2013). *Innermathematisches Beweisen und Argumentieren in der Sekundarstufe I.* Münster: Waxmann.

Greeno, J. G. (2006). Authoritative, accountable positioning and connected, general knowing: Progressive theme in understanding transfer. *The Journal of the Learning Sciences, 15*(4), 537–547.

Hardy, G. H. (1992). *A mathematician's apology.* Cambridge: University Press.

Klieme, E., Pauli, C., & Reusser, K. (2009). The Pythagoras study. In T. Janik & T. Seidel (Hrsg.), *The power of video studies in investigating teaching and learning in the classroom* (S. 137–160). Münster: Waxmann.

Wagenschein, M. (1981). *Ursprüngliches Verstehen und exaktes Denken* (Bd. 1, 2. Aufl.). Stuttgart: Klett.

The manufacturer's authorised representative in the EU is Springer
Nature Customer Service Centre GmbH, Europaplatz 3, 69115 Heidelberg,
Germany. If you have any concerns regarding our products, please
contact ProductSafety@springernature.com

Printed and bound by CPI Group (UK) Ltd, Croydon, CR0 4YY
27/04/2026
02097616-0013